全国水利水电高职教研会规划教材

地形测量实训

主　编　张　博
副主编　李　娜

中国水利水电出版社
www.waterpub.com.cn

内 容 提 要

本书为《地形测量》的配套教材。本书着眼于培养学生的从业综合素养，内容分为3个项目：项目1“单项实训”选取16项典型任务，培养地形测量的外业操作能力；项目2“技能训练”培养地形测量的内业数据处理能力；项目3“综合实训”培养学生地形测量的综合能力。

本书可供高职高专测绘类专业如工程测量技术、工程测量与监理、摄影测量与遥感技术、地理信息系统与地图制图技术、地籍测绘与土地管理信息技术、矿山测量、测绘与地理信息技术等专业教学使用，也可供相关专业和从事测绘的工程技术人员阅读参考。

图书在版编目（CIP）数据

地形测量实训 / 张博主编. -- 北京 : 中国水利水电出版社, 2016.6(2024.8重印).
全国水利水电高职教研会规划教材
ISBN 978-7-5170-4395-9

Ⅰ. ①地… Ⅱ. ①张… Ⅲ. ①地形测量－高等职业教育－教材 Ⅳ. ①P217

中国版本图书馆CIP数据核字(2016)第145206号

书　名	全国水利水电高职教研会规划教材 **地形测量实训**
作　者	主编　张博　　副主编　李娜
出版发行	中国水利水电出版社 （北京市海淀区玉渊潭南路1号D座　100038） 网址：www.waterpub.com.cn E-mail：sales@mwr.gov.cn 电话：（010）68545888（营销中心）
经　售	北京科水图书销售有限公司 电话：（010）68545874、63202643 全国各地新华书店和相关出版物销售网点
排　版	中国水利水电出版社微机排版中心
印　刷	北京市密东印刷有限公司
规　格	184mm×260mm　16开本　6.25印张　148千字
版　次	2016年6月第1版　2024年8月第3次印刷
印　数	5001—7000册
定　价	**26.00**元

前言

教材事关国家和民族的前途命运，教材建设必须坚持正确的政治方向和价值导向。本书坚持党的二十大精神，全面贯彻党的教育方针，落实立德树人根本任务，为党育人，为国育才，弘扬劳动光荣、技能宝贵、创造伟大的时代风尚。

本书是《地形测量》的配套教材，是在总结多年的高职高专教学改革成功经验的基础上，结合工程测量技术行业的基本情况编写的，主要内容包括单项实训、技能训练、综合实训等 3 个项目。

“地形测量”是高职高专测绘类专业如工程测量技术、工程测量与监理、摄影测量与遥感技术、地理信息系统与地图制图技术、地籍测绘与土地管理信息技术、矿山测量、测绘与地理信息技术等专业的专业核心课程，也是专业核心能力培养的最主要的课程之一，它包括理论教学、单项实训、技能训练、综合实训等 4 个重要教学环节。通过“地形测量”理论课程的学习，使学生掌握有关地形测量的基础知识；通过“地形测量实训”的单项实训、技能训练、综合实训，培养学生理论联系实际的能力、测量数据处理的能力、运用所学理论与技能进行地形图测绘的能力，培养专业素质，提升从业综合素养，为从事地形图测绘工作奠定基础。

本书的编写，紧密结合高职培养目标，以实用为目的，以够用为原则，以培养学生操作仪器进行单项实训的基础能力、测量数据处理的基础技能、大比例尺地形图测绘的综合能力为出发点，以提高学生发现问题、解决问题的能力为目标，力争做到课程标准与职业标准的对接。本书按项目教学的要求编写，每个项目均选取了若干个典型工作任务，教学过程中可采用项目教学法、现场教学法、案例教学法等多种教学方法，做到教学过程与生产过程的对接。总之，本书适应现阶段高等职业教育的需要，满足高职院校的教学要求。

本书编写由张博（辽宁水利职业学院）任主编，李娜（辽宁水利职业学院）任副主编。项目 1“单项实训”由张博编写，项目 2“技能训练”由李娜编写，项目 3“综合实训”由张博编写。项目 1、项目 2 与理论教学同时完成；项目 3 以 3 周综合实训完成。

本书在编写过程中，参阅了大量文献（包括纸质版文献和电子版文献），引用了同类书刊中的一些资料。在此，谨向有关作者表示感谢！

限于作者水平，书中不妥和遗漏之处在所难免，恳请读者批评指正。

编者

2024 年 6 月

目录

项目1 单项实训

【项目描述】

理论教学、单项实训、技能训练、综合实训是“地形测量”课程四个重要的教学环节。通过理论教学，学生掌握了地形测量基础知识、基本理论和基本方法，在此基础上进行单项实训，学生操作各种测量仪器进行仪器的安置、观测，完成各项实训任务的记录、计算以及实训成果的整理等，使其巩固理论教学内容，完成每个单项实训任务理论与实践的对接，升华理论知识，培养基本操作技能，提高实际动手能力。

1. 单项实训目标

(1) 巩固课堂上所学的基本理论知识，加深理解，夯实记忆。

(2) 熟悉各种测量仪器的构造、性能和操作方法。

(3) 掌握利用各种不同的测量仪器进行各种不同测量工作的观测、记录和计算方法，正确进行测量数据的整理。

(4) 加强基本操作技能培养，提高实际动手能力，完成理论与实践的对接。

(5) 培养学生从事工程测量工作所需要的扎实的专业素质、严谨的科学素养、吃苦耐劳的坚韧品格、和谐向上的团队精神。

2. 单项实训要求

(1) 单项实训前，复习教材中的有关内容，预习实训任务指导，明确目的与要求，掌握熟悉实训步骤，注意有关事项，并准备好所需文具用品，确保实训任务的顺利进行。

(2) 实训分小组进行，组长负责组织协调工作。实训前，组长带领组员，按仪器借用规则借领与归还仪器、工具。

(3) 实训在规定的时间进行，不得无故缺席或迟到早退；实训在指定的实训场地进行，不得擅自改变地点或离开现场。

(4) 认真听取教师的讲解，仔细观察教师的演示，服从教师的现场指导。

(5) 按照实训任务的操作步骤和相应的测量规范进行各项测量工作的观测、记录与计算，做到操作规范、记录规整、计算准确；同时，培养独立工作的能力和严谨的科学素养，同时要发扬互帮互助的协作精神，营造和谐的团队氛围，保质保量完成实训任务。

(6) 实训过程中，遵守纪律，保护实训现场的环境，爱护周围的各种公共设施。

(7) 每项实训任务都应取得合格的实训成果，成果经指导教师审阅签字后，方可归还测量仪器和工具，结束实训。

3. 仪器借用规则

(1) 实训所需仪器应按实训指导书或指导教师的要求借领，以小组为单位到仪器室领取实验仪器和工具，听从实验管理人员的指挥，遵守实验室规定。

(2) 各组组长借领仪器时，应仔细核对仪器借用明细表，清点仪器及附件数目，检视所借用的仪器，一切正常方可将仪器借出。

（3）借出的仪器、工具，未经指导教师同意，不得与其他小组调换或转借。

（4）实训结束后，应立即归还仪器，实验室管理人员验收核实后方可离开。

（5）仪器、工具如有遗失或损坏，应写出书面报告说明情况，进行登记，并按有关规定赔偿。

4. 测量仪器使用注意事项

（1）领取仪器时，必须锁好仪器箱，检查提手或背带是否牢固；搬运时，必须轻拿轻放，避免由于剧烈震动而损坏仪器。

（2）开箱前应将仪器放在平稳处；开箱后，观察清楚仪器及附件在箱内的位置，便于用后仪器及各部件的准确还箱；安置好仪器后，注意随手关闭仪器箱盖，防止灰尘和湿气进入箱内，并注意严禁踩坐仪器箱。

（3）仪器架设时，要一手握住仪器，一手握住架腿连接螺旋，随即旋紧连接螺旋，使仪器与三脚架连接牢固；旋松所有制动螺旋，将脚螺旋调节至中间工作状态，并使三个脚螺旋大致同高。

（4）仪器安置后，无论是否操作，必须有专人看护，防止无关人员摆弄或行人碰动、车辆碾压损坏；爱护仪器，严禁在仪器周围嬉戏打闹，避免仪器受到强烈的碰撞和挤压。

（5）仪器出现故障，如发现仪器转动失灵或听到有异样的声音，立即停止工作，请指导教师或管理人员进行处理，严禁私自拆卸。

（6）转动仪器时，应先松开制动螺旋，再平稳转动；使用微动螺旋时，应先旋紧制动螺旋；制动螺旋应松紧适度，微动螺旋或脚螺旋不要旋到极端。

（7）远距离搬动仪器时，必须将仪器取下，装回仪器箱中进行搬动；近距离搬动仪器时可以松开制动螺旋，望远镜应直立向上，三脚架与仪器的连接螺旋应旋紧，并拢三脚架，连同三脚架一并夹于腋下，一手托住仪器，一手抱住三脚架，并使仪器在三脚架上呈倾斜状态进行搬迁，切不可将仪器扛在肩上进行搬动。

（8）勿使仪器淋雨或曝晒，以避免降低仪器的精度；无论任何情况，仪器应有人看守，防止风吹、伞动等原因碰动或损坏仪器。

（9）实训结束后，应清点仪器、用具，避免丢失，尤其注意清点零星物件。

（10）仪器装箱前，旋松所有制动螺旋，将脚螺旋调节至中间工作状态，并使三个脚螺旋大致同高。装箱时，仪器、附件应保持原来的放置位置；旋紧所有制动螺旋，以免晃动；如果仪器箱盖不能盖严，应检查放置是否正确，不可强行关箱。

5. 测量工具使用注意事项

（1）水准尺、标杆、测钎等禁止横向受力，以防弯曲变形。作业时，水准尺、标杆应由专人扶直，不准贴靠树上、墙上或电线杆上，不能磨损尺面分划和漆皮。塔尺的使用，还应注意接口处的正确连接，用后及时收尺。

（2）测图板的使用，应注意保护板面，不得乱写乱扎，不能施以重压。

（3）皮尺要严防受潮受湿，万一受潮受湿，应晾干后再收入尺盒内。

（4）钢尺的使用，应防止扭曲、打结和折断，防止行人踩踏或车辆碾压，尽量避免尺身着水。用完钢尺，应擦净、涂油，以防生锈。

（5）小件工具如垂球、测钎、尺垫的使用，应用完即收，防止遗失。

(6) 全站仪使用的反光棱镜，表面若有灰尘或其他污物，应先用软毛刷轻轻拂去，再用镜头纸擦拭，严禁使用手帕、粗布或其他纸张擦拭，以免损坏镜面。

6. 测量记录

(1) 所有观测成果均要使用硬性（2H 或 3H）铅笔记录。

(2) 记录员必须熟悉记录手簿上的各项内容以及记录、计算方法；记录观测数据之前，应将仪器型号、日期、天气、测站、观测者及记录者姓名等无一遗漏地填写齐全。

(3) 观测员读数后，记录员应随即在记录手簿上的相应栏内填写并复述，以防听错、记错，不得另纸记录事后转抄。

(4) 记录时，要求字体端正清晰，字体的大小一般占格宽的一半左右，留出空隙作改正错误用。

(5) 观测数据应体现其精度及真实性，如水准尺读数 1.300m，不能记成 1.3m。

(6) 水平角观测，秒值读记错误应重新观测，度、分读记错误可在现场更正，但同一方向盘左、盘右不得同时更改相关数字；天顶距观测，分的读数在各测回中不得连环更改。

(7) 距离测量和水准测量中，厘米及以下数值不得更改，米和分米的读记错误在同一距离、同一高差的往、返测或两次测量的相关数字不得连环更改。

(8) 更正错误，均应将错误数字、文字整齐划去，在上方另记正确的数字和文字；划改的数字和超限划去的成果，均应注明原因和重测结果的所在页数。

(9) 严禁伪造观测数据，否则全部测量成果作废，并重新观测。

7. 测量计算

(1) 每站观测结束后，必须在现场完成规定的计算和校核，确认无误后方可进行下一站的观测。

(2) 测量计算时，数字进位按照“四舍六入、奇进偶舍”的原则，如数据 1.3244m、1.3236m、1.3235m、1.3245m，若取至毫米位，按四舍六入原则，1.3244m 和 1.3236m 均应记做 1.324m；按奇进偶舍原则，1.3235m 和 1.3245m 均应记做 1.324m。

(3) 测量计算时，数字的取位规定：水准测量的观测数据取位至 1mm，前后视距取位至 0.1m，视距总和取位至 0.01km，高差中数一般取位至 0.1mm，高差总和取位至 1mm；角度测量的秒取位至 1″。

(4) 观测手簿中，对于有正负意义的量，记录计算时，一定要带上“+”“−”号，即使是“+”，也不能省略。

(5) 简单计算，如平均值、方向值、高差等，应边记录边计算，如果超限则立即重测；较为复杂的计算，可在实训结束后及时算出。

(6) 所有的观测与记录数据严禁转抄。

任务 1.1　DS_3 微倾水准仪的认识及使用

1.1.1　技能目标

(1) 了解 DS_3 水准仪的基本构造、仪器各部件的名称和作用。

(2) 练习并初步掌握水准仪的基本操作步骤，包括安置仪器、粗略整平、照准目标、消除视差、精确整平和正确读数。

(3) 了解各种水准尺的注记形式、熟悉水准尺的刻画，掌握水准尺及尺垫的正确使用方法。

1.1.2　实训器具

每个小组领取下列实训器具：DS_3 水准仪 1 台，水准仪专用脚架 1 个，水准尺 1 对，自备记录板、铅笔、计算器等。

1.1.3　实训要求

(1) 熟悉水准仪各部件的名称和作用。

(2) 每位学生至少操作仪器一次，掌握安置仪器、粗略整平、照准目标、消除视差、精确整平和正确读数的方法。

(3) 掌握记录、计算方法。

1.1.4　实训步骤

1.1.4.1　安置仪器

(1) 首先选一处平坦地面将水准仪专用脚架三个固紧螺旋松开，并拢三条架腿，升高脚架使架头与鼻梁平齐后拧紧固紧螺旋，然后把三条架腿张开立于地面，此时应注意使三条架腿与地面的接触点大致成一等边三角形，且接触点之间的距离以 70～90cm 为宜，以保证脚架能较稳定立于地面。完成该步骤后，架头应处于大致水平的状态。

(2) 把仪器箱放于地面一干净稳妥处打开，观察并记下仪器在箱内的安放位置后，双手分握住仪器的基座和望远镜取出仪器，并安放于架头正中央，迅速将中心连接螺旋插入仪器基座底部中央圆形旋入口内，顺时针方向拧紧，此时应注意力度合适，不能太紧也不能太松。

1.1.4.2　认识仪器、水准尺、尺垫

将实物水准仪与图 1.1 对照，认识本组所用仪器各部件名称，了解其作用；并操作仪

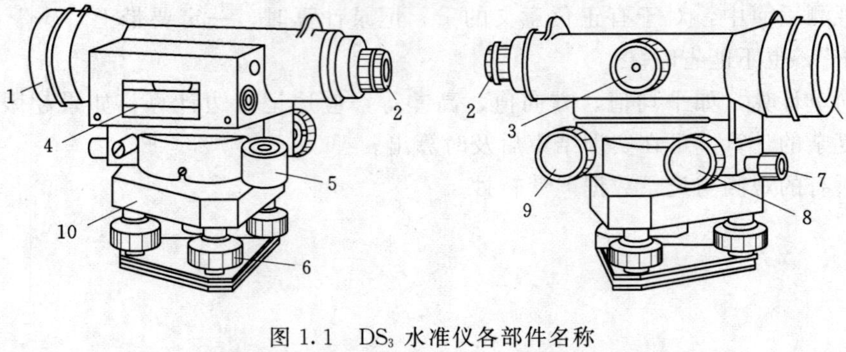

图 1.1　DS_3 水准仪各部件名称

1—物镜；2—目镜；3—调焦螺旋；4—管水准器；5—圆水准器；6—脚螺旋；
7—制动螺旋；8—微动螺旋；9—螺旋；10—基座

器，掌握其使用方法。

认识水准尺：观察一对水准尺（见图 1.2），了解其刻画和注记，掌握其读数方法、使用方法；认识尺垫（见图 1.3），掌握使用方法。

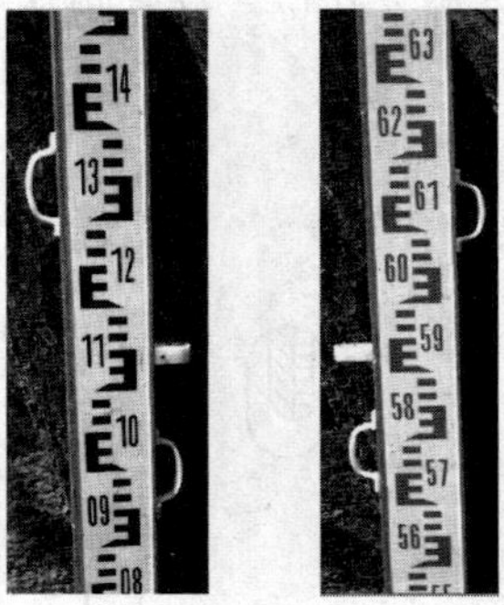

图 1.2　水准尺

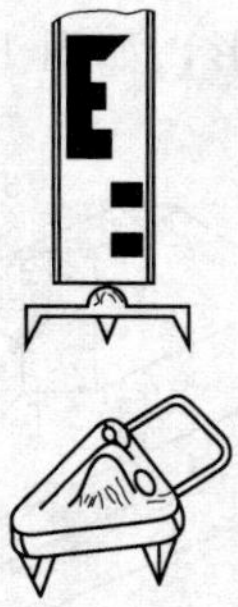
图 1.3　尺垫及用法

1.1.4.3　粗略整平仪器

首先观察圆水准器气泡所在位置，然后确定调节方案。如图 1.4 所示，气泡靠近脚螺旋①，说明该部位较高，可用左手握住脚螺旋①逆时针旋转，同时右手握住脚螺旋②顺时针旋转，这时气泡沿①、②脚螺旋的连线方向平行移动，如气泡进入圆水准器中央圆圈内即完成粗平；若气泡未进入圆圈内而是如图 1.4 所示，用左手握住脚螺旋③顺时针旋转使气泡进入圆圈中央。若一次不能完成，可反复进行。

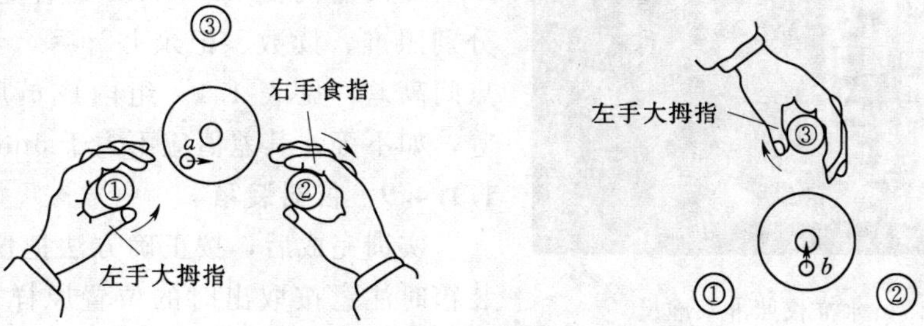

图 1.4　粗略整平仪器

1.1.4.4　照准练习

首先转动望远镜使物镜对准一明亮的背景，观察十字丝是否清晰，如不清晰可顺时针或逆时针调节目镜使其清晰；松开制动螺旋，转动仪器，通过粗瞄器瞄准水准尺，旋紧制动螺旋；眼睛观察目镜，调节物镜对光螺旋使水准尺成像清晰；调节水平微动螺旋使水准尺尺像位于十字丝竖丝附近。

1.1.4.5　消除视差

眼睛上下轻微移动，观察十字丝是否在水准尺上做上下移动，如有此现象表明有视差（造成视差的原因见图 1.5），需消除视差。消除视差的方法是

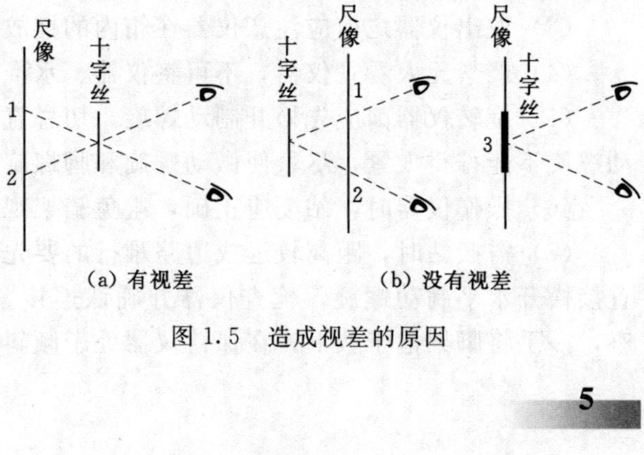

(a) 有视差　　(b) 没有视差

图 1.5　造成视差的原因

先调节目镜使十字丝更清晰，此时水准尺尺像变模糊，重新调节物镜对光螺旋使水准尺清晰；反复进行，直至视差消除。

1.1.4.6　精确整平仪器

首先通过符合水准器观察窗口观察气泡在哪个位置，转动螺旋，同时查看两豆瓣状气泡是否符合成抛物线形，如图 1.6 所示。

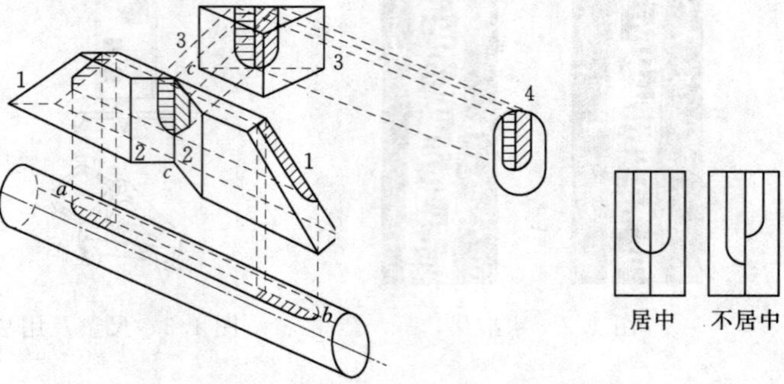

图 1.6　符合水准器调节方法

1.1.4.7　正确读数

如图 1.7 所示，精平后观察中丝在水准尺上的位置，依次读出米、分米、厘米，最后估读出毫米，共四位数。读数及记录时可以米或毫米为单位。

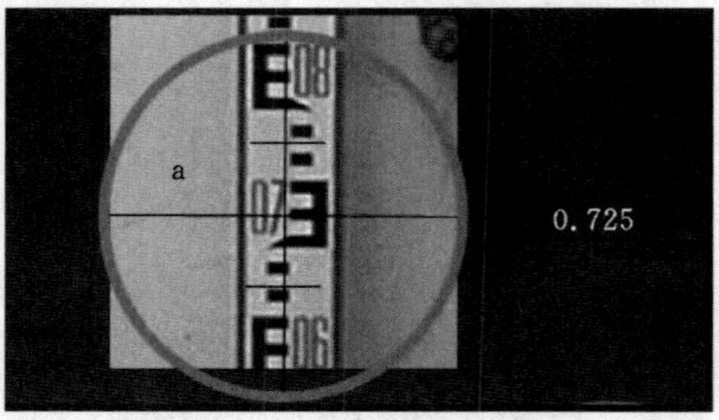

图 1.7　水准仪照准水准尺

1.1.4.8　测站观测练习

在仪器两侧 20～30m 处各立一根水准尺，分别照准、读数、记录并计算，计算出两立尺点间高差，见表 1.1。组内成员所测高差应相等，如不等，其差值应不大于 5mm。

1.1.4.9　仪器装箱

实训完成后，按正确方法把仪器放回箱内。装箱时注意按取出时的位置原样放回，如仪器放进箱内后仪器箱盖不能密合，切忌用力压迫箱盖，应注意检查是否仪器放置的位置不当或有其他杂物顶住箱盖，以免损坏仪器。

1.1.5　注意事项

(1) 测站点应远离交通要道、运动场地、施工场地和人员密集地区。

(2) 在安置仪器时需注意三脚架安置是否稳妥，连接螺旋是否连接紧密。

(3) 取出仪器之前应注意仪器在箱内的摆放位置，以免装箱时不能复位。

(4) 严禁无人看管仪器，不可将仪器、水准尺靠在树上或墙上。

(5) 旋转仪器前应先松开制动螺旋，切忌直接用力旋转仪器，以免损坏制动装置；制动螺旋不能拧得太紧，尽量使微动螺旋和脚螺旋处于中间工作位置，以免失灵。

(6) 操作仪器时，站姿应正确，避免骑架观测；动作应准确，用力要均匀。

(7) 需搬站时，距离较远或道路难行的要先装箱再搬站；距离较近或道路平坦地区可直接松开水平制动螺旋，检查仪器并确认连接紧密后，并拢三个脚架，一手握住仪器基座，一手将脚架抱于腋下，在保持仪器处于倾斜向上的状态下稳步前进。

（8）天气较炎热或下雨时应撑伞作业，避免仪器受到日晒雨淋。

（9）仪器装箱要先把脚螺旋调至大致同高的中间位置，水平微动螺旋、微倾螺旋旋至中间位置，清除仪器上的灰尘，然后一手握住仪器、一手松开连接螺旋，双手取下仪器，按正确位置放入箱内，拧紧制动螺旋后合上箱盖并锁紧；清除脚架上的泥土然后并拢锁紧。

1.1.6　训练表格

完成表 1.1 中剩余部分的计算。

表 1.1　　普通水准测量记录手簿（一）

测站	点名	水准尺黑面中丝读数		高差/m		高程/m	备注
		后视/m	前视/m	+	−		
1	BM_1	1.325				80.000	已知点
	TP_1		1.608		0.283	79.717	
2	TP_1	1.856					
	TP_2		1.728	0.128		79.845	
3	TP_2	1.027					
	TP_3		1.544				
4	TP_3	0.955					
	TP_4		1.289				

1.1.7　记录表格

将实训观测数据填入表 1.2 中。

表 1.2　　普通水准测量记录手簿（二）

________年________月________日　天气________　成像________　测自________至________

观测者________　记录者________　检查者________　仪器型号________

测站	点名	水准尺黑面中丝读数		高差/m		高程/m	备注
		后视/m	前视/m	+	−		

1.1.8 简答题

（1）简述本任务的主要实训步骤。

（2）简述水准测量的原理。

（3）水准仪由哪些主要部分构成？各起什么作用？

（4）简述应该如何粗略整平仪器？如何精确整平仪器？

（5）什么是视差？视差是怎么产生的？如何消除视差？

任务 1.2 普 通 水 准 测 量

1.2.1 技能目标

（1）掌握水准路线的布设形式。

（2）熟悉仪器的操作方法、要领。

（3）掌握普通水准测量的观测、记录、计算、高差闭合差的计算方法。

（4）掌握运用视线高法和高差法计算高程的方法。

（5）理解转点的含义和作用，掌握用尺垫作转点的方法。

（6）熟悉测量记录的规则，并养成复述数据的习惯。

1.2.2 实训器具

每个小组领取下列实训器具：DS_3 水准仪 1 台，水准仪专用脚架 1 个，水准尺 1 对，自备记录板、铅笔、计算器等。

1.2.3 实训要求

（1）每组选择一条由至少四个水准点组成的闭合或附合水准路线。

（2）每位学生至少完成一个测站的观测、记录、计算。

（3）每个测站用变换仪器高法观测两次。

1.2.4 实训步骤

（1）在实训场地上布设闭合或附合水准路线。

（2）选择场地内一已知高程的水准点作为起始点（后视点），竖立水准尺，距该点小于 100m 处安置水准仪，在路线前进方向大致等距离处放置一尺垫作为转点 1，记为 TP_1，在尺垫上竖立前视水准尺，如图 1.8 所示。

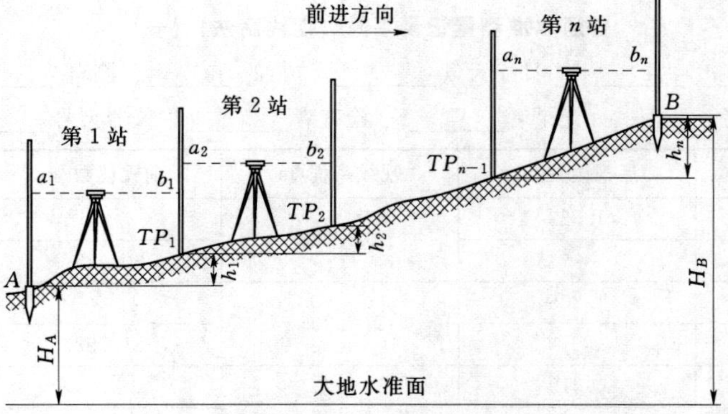

图 1.8 水准测量测站的设置

（3）观测员照准后视尺，精平水准仪后读取后视读数 a_1，记录员复述数据，确认无误后记入记录手簿。如按视线高法计算高程，记录员应立即用已知点高程计算出视线高 H_i：$H_i = H_A + a_1$。

（4）观测员旋转仪器，照准前视尺，精平后读取前视读数 b_1，记录员复述数据，确认无误后记入记录手簿，计算高差 h_1：$h_1 = a_1 - b_1$。如采用视线高法应立即用视线高 H_i 和前视读数

b_1 计算出前视点高程。采用变换仪器高法即原地将仪器高升高或降低，按上述方法再进行一次观测，计算出高差或前视点高程，两次较差不超过允许范围，完成一个测站观测。

（5）在 TP_1 的前进方向小于 200m 处放置另一尺垫作为转点 2，记为 TP_2，把后视尺移至 TP_2 上，TP_1 上的水准尺不动。在 TP_1 与 TP_2 之间大致等距离处安置仪器，重复上述（3）、（4）步骤，完成第二测站。

（6）重复以上步骤，直至终点。对于闭合导线，终点即为水准路线的起点，对于附合水准路线，终点为另一个水准点上。

（7）计算检核：高差之和 $\sum h$ = 后视读数总和 $\sum a$ − 前视读数总和 $\sum b$。

1.2.5 注意事项

（1）读数时水准尺应竖直，每次读数前仪器应精确整平；读数应快速、准确、口齿清晰，避免误读误记。

（2）记录时养成良好习惯，做到字体端庄清晰、数位对齐、数字齐全（前后视读数均为 4 位数，不足的用 0 占位）、大小合适，高度以不超过每行的 1/2 为宜，字脚靠底线书写。

（3）转点必须放尺垫，已知点和待定点不能放置尺垫。

（4）普通水准测量对前后视的距离要求稍低，但是原则上最大视距应不超过 150m，前后视距应基本相等。

（5）高差闭合差 f_h 应控制在限差范围内，即 $f_h \leqslant \pm 40\sqrt{L}$ mm（平地）或 $f_h \leqslant \pm 12\sqrt{n}$ mm（山地）。

（6）组内成员轮换工作。

1.2.6 训练表格

1. 视线高法

完成表 1.3 剩余部分的计算。

表 1.3　　普通水准测量记录手簿（视线高法）（一）

______年______月______日　天气______　成像______　测自______至______

观测者______　记录者______　检查者______　仪器型号______

测站	点名	后视读数/m	视线高程/m	前视读数/m	高程/m
1	A	1.523	101.523		100.000
	B			0.523	101.000
2	B	1.205	102.205		
	C			1.792	100.413
3	C	0.919			
	D			1.332	
4	D	1.834			
	E			1.455	

2. 高差法

如图 1.9 所示，将图中数据填入表 1.4，并完成计算。

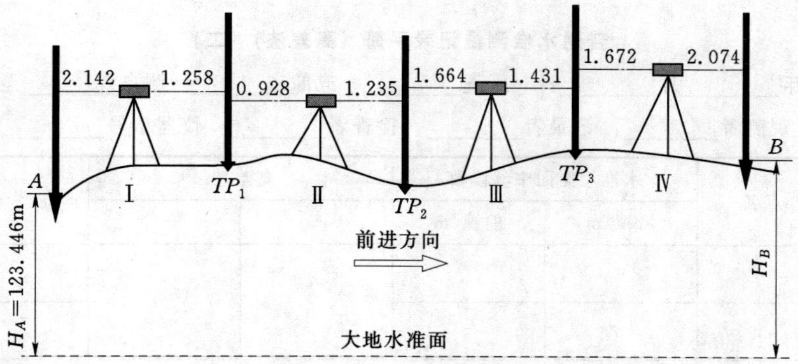

图 1.9　高差法普通水准测量

表 1.4　　　　　　　　普通水准测量记录手簿（高差法）（一）

________年________月________日　天气________　成像________　测自________至________

观测者________　记录者________　检查者________　仪器型号_________

测站	点名	水准尺黑面中丝读数		高差/m		高程/m	备注
		后视/m	前视/m	+	−		
计算校核		$\sum a=$	$\sum b=$				
		$\sum a-\sum b=$		$\sum h=$			

1.2.7 记录表格

1. 高差法

将实训观测数据填入表1.5中。

表1.5　　普通水准测量记录手簿（高差法）（二）

________年________月________日 天气________ 成像________ 测自________至________

观测者________ 记录者________ 检查者________ 仪器型号________

测站	点名	水准尺黑面中丝读数		高差/m		高程/m	备注
		后视/m	前视/m	+	−		
计算校核		$\sum a=$	$\sum b=$				
		$\sum a-\sum b=$		$\sum h=$			

2. 视线高法

将实训观测数据填入表 1.6 中。

表 1.6　　普通水准测量记录手簿（视线高法）（二）

________年________月________日　天气________　成像________　测自________至________

观测者________　记录者________　检查者________　仪器型号________

测站	点名	后视读数/m	视线高程/m	前视读数/m	高程/m

1.2.8 简答题

（1）简述普通水准测量（高差法）的主要实训步骤。

（2）什么叫水准点？什么叫转点？尺垫应在什么情况下使用？

（3）什么叫水准路线？水准路线有几种布设形式？

任务1.3 四等水准测量——一个测站工作

1.3.1 技能目标

(1) 掌握四等水准测量的观测程序、观测方法、记录顺序、记录格式、计算方法。

(2) 掌握四等水准测量的测站校核方法。

1.3.2 实训器具

每个小组领取下列实训器具：DS_3 水准仪1台，水准仪专用脚架1个，水准尺1对，自备记录板、铅笔、计算器等。

1.3.3 实训要求

(1) 每位同学至少完成一个测站的观测、记录和计算。

(2) 按后—后—前—前的观测顺序，各项指标满足要求。

(3) 观测时，所有项目应满足国家测绘部门发布的《国家三、四等水准测量规范》(GB 12898—2009) 规定的主要技术要求，见表1.7。

表1.7 三、四等水准测量主要技术要求

等级	视线高度	前后视距/m	前后视距差/m	前后视距累积差/m	黑红面读数差/mm	黑红面高差之差/mm	高差闭合差/mm
三等	三丝能读数	≤75	≤±2	≤±5	≤±2	≤±3	$\leqslant\pm12\sqrt{L}$
四等	三丝能读数	≤100	≤±3	≤±10	≤±3	≤±5	$\leqslant\pm20\sqrt{L}$

(4) 测站计算不得使用计算器。

1.3.4 实训步骤

(1) 实训场地内选择距离200m以内的两个点位，分别放置尺垫，作为后视点和前视点。

(2) 采用步量的方法，量出两点间的距离，在两点中间位置安置仪器，两点上分别竖立水准尺。

(3) 照准后视尺黑面，按上丝、下丝、中丝顺序进行读数（正像仪器），分别记录，并且计算后视距。

(4) 照准后视尺红面，读取红面中丝读数，记录。

(5) 照准前视尺黑面，按上丝、下丝、中丝顺序进行读数（正像仪器），分别记录，并且计算前视距。

(6) 照准前视尺红面，读取红面中丝读数，记录。

(7) 完成所有数据的计算。

应当指出的是，如果使用微倾式水准仪，在读取中丝读数前应当调节符合水准器使气泡影像重合。

1.3.5 注意事项

(1) 四等水准测量的观测顺序：后（黑面：上丝、下丝、中丝）—后（红面：中丝）—前（黑面：上丝、下丝、中丝）—前（红面：中丝），一定按顺序观测。

(2) 前后视距离差要求不超过±3m，初学者往往不容易控制，应采用步量或用皮尺丈量，如果视距差超限，可采用移动前视尺或者挪动仪器的方法调整。移动前视尺，需移动视距差距离值；挪动仪器，只需挪动视距差的一半即可；方向按正负号确定。

（3）在观测中为提高效率，记录员要边记录边计算，以免重复观测，但不可预先算出数值报与观测者，以免影响其读数。例如，不可根据黑面读数算出红面读数而告知观测者。

（4）扶尺员立尺时要认真负责，读数时必须保持正确站姿，使水准尺保持竖直状态。

（5）记录应工整规范，严禁捏造或涂改数据。

1.3.6　训练表格

完成表 1.8 剩余部分的计算。

表 1.8　　**四等水准测量手簿（一）**

______年______月______日　天气______　成像______　测自______至______

观测者______　记录者______　检查者______　仪器型号______

测站编号	测点	后尺 上丝 / 下丝 / 后距 / 视距差 d	前尺 上丝 / 下丝 / 前距 / $\sum d$	方向及尺号	标尺读数 黑面（中丝）	标尺读数 红面（中丝）	K+黑−红	高差中数	备注
1	A	1.271	1.357	后 6	1.228	5.914	+1	−0.086	
	|	1.183	1.266	前 7	1.312	6.103	−2		
	TP_1	8.8	9.1	后−前	−0.084	−0.187	+3		
		−0.3	−0.3						
2	TP_1	1.267	1.592	后 7	1.185	5.975	−3	−0.320	
	|	1.104	1.420	前 6	1.506	6.193	0		
	TP_2	16.3	17.2	后−前	−0.321	−0.218	−3		
		−0.9	−1.2						
3	TP_2	1.428	1.410	后 6	1.362	6.049	0	+0.014	
	|	1.298	1.289	前 7	1.349	6.133	+3		
	TP_3	13.0	12.1	后−前	+0.013	−0.084	−3		
		0.9	−0.3						
4	TP_3	1.532	1.477	后 7	1.404	6.193	−2	+0.060	
	|	1.275	1.212	前 6	1.344	6.032	−1		
	TP_4	25.7	26.5	后−前	+0.060	+0.161	−1		
		−0.8	−1.1						
5	TP_4	1.592	1.266	后	1.504	6.191			
	|	1.418	1.104	前	1.185	5.974			
	TP_5			后−前					
6	TP_5	1.822	1.735	后	1.588	6.376			
	|	1.354	1.257	前	1.496	6.184			
	B			后−前					

1.3.7 记录表格

将实训观测数据填入表1.9中。

表1.9 四等水准测量手簿（二）

________年________月________日 天气________ 成像________ 测自________至________

观测者________ 记录者________ 检查者________ 仪器型号________

测站编号	测点	后尺		前尺		方向及尺号	标尺读数		K+黑−红	高差中数	备注
			上丝		上丝		黑面（中丝）	红面（中丝）			
			下丝		下丝						
		后距		前距							
		视距差 d		$\sum d$							
						后					
						前					
						后−前					
						后					
						前					
						后−前					
						后					
						前					
						后−前					
						后					
						前					
						后−前					
						后					
						前					
						后−前					
						后					
						前					
						后−前					
						后					
						前					
						后−前					
						后					
						前					
						后−前					

1.3.8　简答题

（1）简述四等水准测量一个测站上的观测程序。

（2）四等水准测量测站上有哪些限差要求？

（3）如果前后视距差超限应如何处理？

（4）如果黑红面读数差超限应如何处理？

任务1.4 四等水准路线测量

1.4.1 技能目标

（1）掌握四等水准测量路线的三种布设形式、技术要求。

（2）熟悉四等水准测量测站上的观测、记录、计算方法。

（3）掌握四等水准测量路线高差闭合差与允许值的计算方法。

（4）掌握四等水准测量的内业计算。

1.4.2 实训器具

每个小组领取下列实训器具：DS_3 水准仪1台，水准仪专用脚架1个，水准尺1对，自备记录板、铅笔、计算器等。

1.4.3 实训要求

（1）每组选择一条由至少四个水准点组成的闭合或附合水准路线。

（2）每位学生至少完成一个测站的观测、记录、计算。

（3）每个测站和整条路线的所有项目必须满足限差要求。

（4）每个测段内的站数必须为偶数。

（5）测站计算不得使用计算器。

1.4.4 实训步骤

（1）实训场地上布设一条闭合或附合水准路线。

（2）将已知高程的水准点作为起始点，作为后视点；在路线前进方向上选择满足视线长度要求的转点为前视转点，放置尺垫。

（3）采用步量的方法，量出两点间的距离，在两点中间位置安置仪器，两点上分别竖立水准尺。

（4）按四等水准测量一个测站上的工作顺序（后—后—前—前）和要求，完成一个测站的工作，测站上全部工作完成后（称站站清）才能搬站。

（5）同样方法完成其他所有测站工作。

应当指出的是，如果使用微倾式水准仪，在读取中丝读数前应当调节符合水准器使气泡影像重合。

1.4.5 注意事项

（1）观测前确认水准尺是否成对，并确定好前后视水准尺的尺常数。

（2）每个测站全部工作完成后（称站站清）才能搬站。

（3）水准测量中记录员是技术把关者，记录员在测站校核未完成前不能下令搬动仪器；观测员更不能擅自搬动仪器。

（4）水准点上不能放置尺垫，转点上放置尺垫，并注意保护；作为后视的转点，其尺垫只有在读完前视读数且测站校核确认正确无误后，才能随仪器一起移动。

（5）搬站时应按正确步骤进行，以免损坏仪器。

（6）扶尺员立尺时要认真负责，读数时必须使水准尺保持竖直状态。

（7）水准尺在移动时要交替前进，不能同时向前移动，移动水准尺时切忌带动尺垫。

（8）观测完毕，立即计算高差闭合差，闭合差 f_h 应控制在限差范围内，即 $f_h \leqslant \pm 20\sqrt{L}$。

（9）组内成员轮换工作。

1.4.6 记录表格

将实训观测结果记入表1.10。

表1.10　　　　四等水准测量记录手簿

______年______月______日　天气______　成像______　测自______至______

观测者______　记录者______　检查者______　仪器型号______

测站编号	测点	后尺 上丝 / 下丝	前尺 上丝 / 下丝	方向及尺号	标尺读数 黑面（中丝）	标尺读数 红面（中丝）	K+黑－红	高差中数	备注
		后距	前距						
		视距差 d	$\sum d$						
				后					
				前					
				后－前					
				后					
				前					
				后－前					
				后					
				前					
				后－前					
				后					
				前					
				后－前					
				后					
				前					
				后－前					
				后					
				前					
				后－前					
				后					
				前					
				后－前					

1.4.7 简答题

（1）简述四等水准路线测量的主要实训步骤。

（2）什么是水准测量的高差闭合差？不同的水准路线高差闭合差如何计算？

（3）四等水准路线的高差闭合差允许值如何计算？

（4）为什么每个测段内的站数必须为偶数？

任务 1.5　三等水准路线测量

1.5.1　技能目标

（1）掌握三等水准测量路线的三种布设形式、技术要求。

（2）熟悉三等水准测量测站上的观测、记录、计算方法。

（3）掌握三等水准测量路线高差闭合差与允许值的计算方法。

（4）掌握三等水准测量的内业计算。

1.5.2　实训器具

每个小组领取下列实训器具：DS_3 水准仪 1 台，水准仪专用脚架 1 个，水准尺 1 对，自备记录板、铅笔、计算器等。

1.5.3　实训要求

（1）每组选择一条由至少四个水准点组成的闭合或附合水准路线。

（2）每位学生至少完成一个测站的观测、记录、计算。

（3）每个测站和整条路线的所有项目必须满足限差要求。

（4）每个测段内的站数必须为偶数。

（5）测站计算不得使用计算器。

1.5.4　实训步骤

（1）实训场地上布设一条闭合或附合水准路线。

（2）将已知高程的水准点作为起始点，作为后视点；在路线前进方向上选择满足视线长度要求的转点为前视转点，放置尺垫。

（3）采用步量的方法，量出两点间的距离，在两点中间位置安置仪器，两点上分别竖立水准尺。

（4）按三等水准测量工作顺序：后（上、下、中）—前（中、上、下）—前（中）—后（中）观测和读数，完成一个测站的工作，测站上全部工作完成后（称站站清）才能搬站。

（5）同样方法完成其他所有测站工作。

应当指出的是，如果使用微倾式水准仪，在读取中丝读数前应当调节符合水准器使气泡影像重合。

1.5.5　注意事项

（1）观测前确认水准尺是否成对，并确定好前后视水准尺的尺常数。

（2）每个测站全部工作完成后（称站站清）才能搬站。

（3）水准测量中记录员是技术把关者，记录员在测站校核未完成前不能下令搬动仪器；观测员更不能擅自搬动仪器。

（4）水准点上不能放置尺垫，转点上放置尺垫，并注意保护；作为后视的转点，其尺垫只有在读完前视读数且测站校核确认正确无误后，才能随仪器一起移动。

（5）搬站时应按正确步骤进行，以免损坏仪器。

（6）扶尺员立尺时要认真负责，读数时必须使水准尺保持竖直状态。

（7）水准尺在移动时要交替前进，不能同时向前移动，移动水准尺时切忌带动尺垫。

（8）观测完毕，立即计算高差闭合差，闭合差 f_h 应控制在限差范围内，即 $f_h \leqslant \pm 12\sqrt{L}$。

（9）组内成员轮换工作。

1.5.6 记录表格

将实训观测结果记入表 1.11。

表 1.11　　三等水准测量记录手簿

______年______月______日　天气______　成像______　测自______至______

观测者______　记录者______　检查者______　仪器型号______

测站编号	测点	后尺　上丝	前尺　上丝	方向及尺号	标尺读数		K+黑−红	高差中数	备注
		后尺　下丝	前尺　下丝		黑面（中丝）	红面（中丝）			
		后距	前距						
		视距差 d	$\sum d$						
				后					
				前					
				后−前					
				后					
				前					
				后−前					
				后					
				前					
				后−前					
				后					
				前					
				后−前					
				后					
				前					
				后−前					
				后					
				前					
				后−前					
				后					
				前					
				后−前					

1.5.7　简答题

（1）简述三等水准路线测量的主要实训步骤。

（2）三等水准测量测站上有哪些限差要求？

（3）三等水准测量为什么采用后（上、下、中）—前（中、上、下）—前（中）—后（中）的观测顺序？

任务 1.6　DS_3 微倾水准仪的检验与校正

1.6.1　技能目标

(1) 熟悉 DS_3 微倾水准仪的基本构造原理，掌握各轴线之间应满足的几何关系。

(2) 掌握水准仪的检验与校正方法。

1.6.2　实训器具

每个小组领取下列实训器具：DS_3 水准仪 1 台，水准仪专用脚架 1 个，水准尺 1 对，木桩、校正针各 1 个，皮尺 1 盒，自备记录板、铅笔、计算器等。

1.6.3　实训要求

(1) 按检验任务的要求选择合适的实训场地。

(2) 检验、校正时按规定的顺序进行。

(3) 如检验出不符合要求的项目，必须在指导教师的指导下进行校正，切忌盲目操作。

1.6.4　实训步骤

1.6.4.1　圆水准器的检验与校正

检验：安置水准仪，旋转脚螺旋使圆水准器气泡居中，然后将仪器上部在水平方向绕竖轴旋转 180°，若气泡仍居中，则表示圆水准器轴已平行于竖轴，若气泡偏离中央则需进行校正。

校正：用脚螺旋使气泡向中央方向移动偏离量的一半，然后拨动圆水准器的校正螺旋使气泡居中。由于一次拨动不易使圆水准器校正得很完善，所以需重复上述的检验和校正，使仪器上部旋转到任何位置气泡都能居中为止。

1.6.4.2　望远镜十字丝横丝的检验与校正

检验：先用横丝的一端照准一固定的目标或在水准尺上读一读数，然后用微动螺旋转动望远镜，用横丝的另一端观测同一目标或读数。如果目标仍在横丝上或水准尺上读数不变，说明横丝已与竖轴垂直。若目标偏离了横丝或水准尺读数有变化，则说明横丝与竖轴没有垂直，应予校正。

校正：打开十字丝分划板的护罩，可见到三个或四个分划板的固定螺丝，松开这些固定螺丝，用手转动十字丝分划板座，反复试验使横丝的两端都能与目标重合或使横丝两端所得水准尺读数相同，则校正完成；最后旋紧所有固定螺丝。

1.6.4.3　水准管的检验与校正

(1) 地面上相距 80m 选定 A、B 两点，各打一桩（或稳固放尺垫），在 A、B 两点的中点安置仪器。

(2) 在 A、B 两点立水准尺，水准仪以 A 点为后视，读数为 a_1，以 B 点为前视，读数为 b_1。

(3) 计算 $h_1=a_1-b_1$，为了确保高差正确，保持仪器在中点位置不变，改变仪器高再读得 a_2、b_2，得 h_2：$h_2=a_2-b_2$。若 h_1 与 h_2 之差不大于 3mm，则计算 $h_正=(h_1+h_2)/2$ 为正确高差。

(4) 将仪器移至距 A 点 3m 处，分别读取 a_3、b'_3，计算前视应有读数 b_3：$b_3=a_3-h_{正}$。若 $\Delta=b'_3-b_3\leqslant\pm3mm$，或 $i=(\Delta/D_{AB})\rho\leqslant\pm20''$，符合要求；否则需校正。式中 Δ 为远距读数差；$D_{AB}$ 为 AB 间距离；ρ 为 1 弧度的秒值，$\rho=206265''$。

(5) 转动微倾螺旋，使远尺读数 $b'_3=b_3$，此时视线水平，水准管轴不水平。

(6) 利用校正针拨动校正螺旋，使符合气泡吻合。

此项检校应反复进行，直至 $i\leqslant\pm20''$为止。

1.6.5　注意事项

(1) 检验校正是一项要求严格的工作，必须按照操作方法和流程进行；检验校正时，前后各项互相影响，顺序不能颠倒。

(2) 仪器各部件的关系较复杂，所以，检验校正往往不能一次完成，必须反复进行。

(3) 校正针粗细适当，与校正口大小相等，校正时不能粗暴用力。

(4) 拨动校正螺丝时，应先松后紧，松紧适当，校正完毕后校正螺丝应处于稍紧状态。

1.6.6　记录表格

将实训观测数据填入表 1.12 中。

表 1.12　　水准管轴的检验记录

仪器位置	项　目	第一次	第二次
在中间点测高差	A 点尺上读取 a_1		
	B 点尺上读取 b_1		
	$H_i=a_i-b_i$		
	平均高差		
在 A 点附近检验	A 点尺上读取 a_3		
	B 点尺上读取 b'_3		
	$b_3=a_3-h_{ab}$		
	偏差 $\Delta=b'_3-b_3$		
	$i=\frac{\Delta}{D_{AB}}\rho$		
检验示意图			

1.6.7 简答题

（1）简述水准管的检验方法。

（2）水准仪有哪些轴线？各轴线之间应满足什么条件？

（3）水准测量时前后视距相等可消除哪些误差？

（4）水准仪在检验、校正以前应进行的检视内容有哪些？

任务 1.7　DJ_6 光学经纬仪的认识与使用

1.7.1　技能目标

（1）了解 DJ_6 光学经纬仪的基本构造、各部件的名称及作用，学会使用方法。

（2）掌握 DJ_6 光学经纬仪对中、整平、调焦和照准、读数及置数等基本操作。

（3）初步掌握测量两个方向间的水平角的方法。

1.7.2　实训器具

每个小组领取下列实训器具：DJ_6 光学经纬仪 1 台，经纬仪专用脚架 1 个，照准标志 2 个，自备记录板、铅笔、计算器等。

1.7.3　实训要求

（1）熟悉经纬仪各部件的名称和作用。

（2）每位学生至少操作仪器一次，掌握经纬仪的对中、整平、照准、读数和置数方法。

（3）掌握记录、计算方法。

1.7.4　实训步骤

1.7.4.1　安置经纬仪

（1）首先选一处平坦地面将经纬仪专用脚架三个固紧螺旋松开，并拢三条架腿，升高脚架使架头与下巴平齐后拧紧固紧螺旋，然后把三条架腿张开立于地面，此时应注意使三条架腿与地面的接触点大致成一等边三角形，且接触点之间的距离以 70～90cm 为宜，以保证脚架能较稳定地立于地面。完成该步骤后，架头应处于大致水平的状态。

（2）把仪器箱放于地面一干净稳妥处打开，观察并记下仪器在箱内的安放位置后，双手分握住仪器的基座和望远镜取出仪器，并安放于架头正中央，迅速把中心连接螺旋插入仪器基座底部中央圆形旋入口内，顺时针方向拧紧，此时应注意力度合适，不能太紧也不能太松。

1.7.4.2　认识经纬仪

认识经纬仪各部分构造，掌握其作用及使用方法，熟悉读数窗内度盘和分微尺的刻画及注记。

1.7.4.3　使用经纬仪的方法与步骤

1. 对中与整平

对中常用的方法有两种，即垂球对中和光学对中器对中。

（1）垂球对中与整平：

调节三脚架三架腿的长度使其大致等长，然后张开三脚架并架在测站点上，架设时应注意使高度适宜，架头大致水平。然后挂上垂球，两只手分别握住三脚架的一条腿，平移三脚架使垂球尖基本对准测站点，将三脚架三条腿踩实，使其稳定。装上仪器，旋上连接螺旋，检查对中情况。若相差不大（1～2cm），稍松开链接螺旋，双手扶基座，在架头上平移仪器，使垂球尖精确对准测站点（注意及时调整垂球线的长度，使垂球尖尽量靠近测站点，但不得与测站点接触）。对中误差一般小于 3mm，若满足要求，旋紧连接螺旋即可。

整平时，松开水平制动螺旋，转动照准部，使照准部水准管大致平行于任意两个脚螺旋1、2的连线，如图1.10（a）所示，两手同时向内或向外旋转这两个脚螺旋使气泡居中（气泡移动的方向与左手大拇指移动的方向一致）。再将照准部旋转90°，如图1.10（b）所示，是水准管大约处于1、2脚螺旋连线的垂线上，转动第三个脚螺旋，使水准管气泡居中。再转回原来的位置，检查气泡是否居中，若不居中，则按上述步骤反复进行，直至照准部转到任何位置气泡都居中。

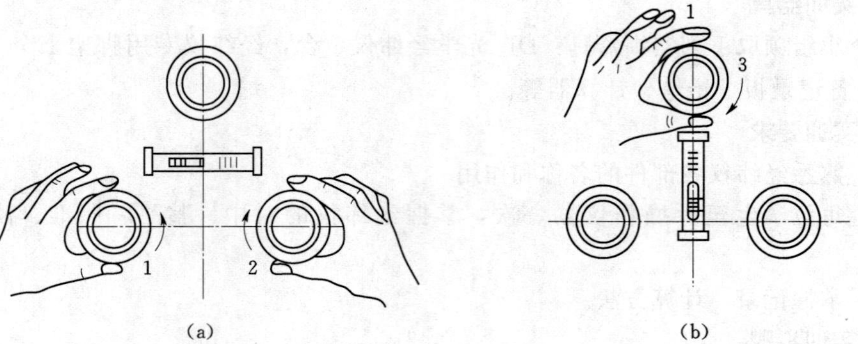

图1.10 整平

（2）光学对中器对中与整平步骤：

1）将三脚架安置在测站上，使架头大致水平且高度适中，大致使架头中心与地面点处于同一条铅垂线上。

2）将仪器连接到三脚架上，如果光学对中器中心偏离地面点较远，两手端着两个架腿移动，使光学对中器中心与地面点重合；如果光学对中器中心偏离地面点较少，旋转脚螺旋使光学对中器中心与地面点重合。

3）伸缩三脚架腿，使圆水准器气泡居中（粗平），再采用图1.10所示的方法使水准管气泡居中（精平）。

4）如果光学对中器中心偏离测站点，稍旋松连接螺旋，两手扶住仪器基座，在架头上平移仪器，使光学对中器中心与地面点重合。

5）重新精平仪器，如果对中变化，再重新精确对中，反复进行，直至仪器精平后，光学对中器中心刚好与地面点重合为止。

2. 照准与读数

照准：取下望远镜的镜盖，将望远镜对准天空（或远处明亮背景），转动望远镜的目镜调焦螺旋，使十字丝清晰；然后用望远镜上的照门和准星照准被测目标，旋紧望远镜和照准部的制动螺旋，转动对光螺旋（物镜调焦螺旋），使目标影像清晰，消除视差；再转动望远镜和照准部的微动螺旋，使目标被十字丝的纵向单丝平分，或被纵向双丝夹在中央。

读数：照准目标后，调节反光镜的位置，使读数显微镜读数窗亮度适当，旋转显微镜的目镜调焦螺旋，使度盘及分微尺的刻画线清晰，读取落在分微尺上的度盘刻画线所示的读数，然后读出分微尺上 0 刻画线到这条度盘刻画线之间的分数，最后估读至 0.1′。如图 1.11 所示，水平度盘读数 180°06′12″，竖盘读数为 75°57′00″。

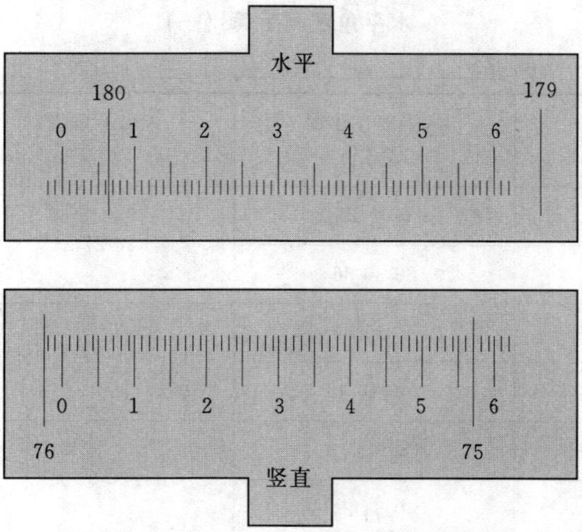

图 1.11　DJ$_6$ 光学经纬仪读数窗

1.7.4.4　测量两个方向间的水平角

（1）安置好仪器，按顺时针方向选定好 A、B 两目标。调整望远镜为盘左位置，精确照准左边的目标 A，读取水平度盘读数 a，记入手簿。

（2）松开制动螺旋，顺时针转动照准部，精确照准右边的目标 B，读取水平度盘读数 b，记入手簿。

（3）计算水平角值 $\beta = b - a$，如果 $b < a$，$\beta = b + 360° - a$。

1.7.5　注意事项

（1）仪器从箱中取出时，要看清并记住仪器在箱中的安放位置，避免以后装箱困难。

（2）提取仪器之前，应注意先松开制动螺旋，再用双手握住支架或基座轻轻取出仪器，放在三脚架上，一手握住仪器，一手去拧连接螺旋，最后旋紧连接螺旋使仪器与脚架连接牢固，以防仪器跌落。

（3）连接好仪器后，注意立即关闭仪器箱盖，防止灰尘和湿气进入箱内；仪器箱上严禁坐人。

（4）转动仪器时，应先松开制动螺旋；使用微动螺旋时，应先旋紧制动螺旋。注意动作要准确、轻捷，用力要均匀。

（5）各制动螺旋勿扭过紧，微动螺旋和脚螺旋不要旋到顶端；使用各种螺旋都应均匀用力，以免损坏螺旋。

（6）使用仪器时，对尚未了解性能的仪器部件，未经指导教师许可不得擅自操作；仪器必须有人看护，以防跌损。

（7）实训结束后仪器装箱时，要旋松各制动螺旋，装箱后先试关一次，在确认安放稳妥后，再旋紧各制动螺旋，以免仪器在箱内晃动、受损，最后关箱上锁。

1.7.6 训练表格

完成表 1.13 剩余部分的计算。

表 1.13 **水平角观测手簿（一）**

仪器型号________ 观测者________ ____年____月____日 天气____ 记录者________

目标	竖盘位置	水平度盘读数 /(° ′ ″)	水平角值 /(° ′ ″)	备 注
A	左	0 03 12	88 27 24	
B	左	88 30 36		
A	左	90 12 54		
C	左	240 16 30		
A	右	180 45 12	220 09 12	
D	右	40 54 24		
A	右	270 30 18		
E	右	160 42 36		

1.7.7 记录表格

将水平角实训观测数据填入表 1.14。

表 1.14 **水平角观测手簿（二）**

仪器型号________ 观测者________ ____年____月____日 天气____ 记录者________

目标	竖盘位置	水平度盘读数 /(° ′ ″)	水平角值 /(° ′ ″)	备 注

1.7.8　简答题

（1）简述利用光学对中器进行对中与整平的操作步骤。

（2）什么是水平角？简述水平角测量原理。

（3）经纬仪上有哪些操作螺旋？各起什么作用？

（4）在同一铅垂面内，瞄准不同高度的目标，在水平度盘上的读数是否应一样？

（5）同样两个照准目标，起始方向读数不同，测得的两方向之间的夹角是否应该相等？

任务1.8 测回法观测水平角

1.8.1 技能目标

(1) 熟悉 DJ_6 经纬仪的使用方法。

(2) 掌握测回法测水平角的观测方法、记录与计算方法。

1.8.2 实训器具

每个小组领取下列实训器具：DJ_6 光学经纬仪1台，经纬仪专用脚架1个，照准标志2个（测钎），自备记录板、铅笔、计算器等。

1.8.3 实训要求

(1) 熟练掌握经纬仪的安置（对中、整平），对中和整平符合要求。

(2) 进行两个测回的观测，第一测回置数在0°附近，第二测回置数在90°附近。

(3) 各项限差符合规范要求。

1.8.4 实训步骤

如图1.12所示，欲测 OA、OB 两方向之间所夹的水平角，首先将经纬仪安置在测站点 O 上，并在 A、B 两点上分别设置照准标志（竖立花杆或测钎），其观测方法和步骤如下：

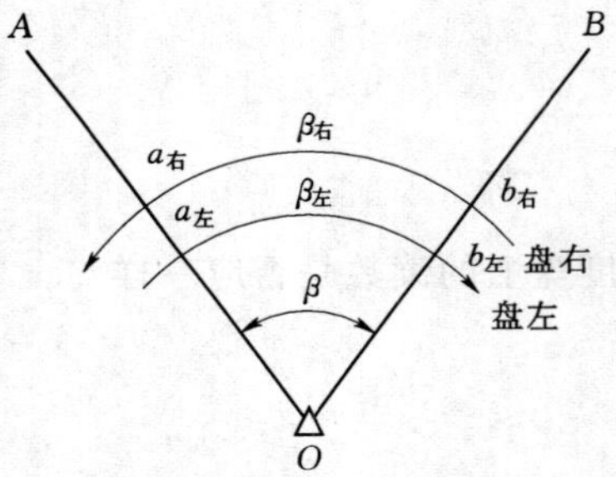

图1.12 水平角观测

(1) 使仪器竖盘处于望远镜左边（称盘左或正镜），照准目标 A，配盘，使水平度盘读数略大于0°（一般为0°05′左右），将读数 $a_左$ 记入观测手簿。

(2) 松开水平制动螺旋，顺时针方向转动照准部，照准目标 B，读取水平度盘读数为 $b_左$，将读数记入观测手簿。

以上两步骤称为上半测回（或盘左半测回），测得角值为 $\beta_左=b_左-a_左$。

(3) 盘右照准目标 B，读取水平度盘读数为 $b_右$，将读数记入手簿。

(4) 逆时针转动照准部，照准目标 A，读取水平度盘读数为 $a_右$，将读数记入手簿。

以上(3)、(4)两步骤称为下半测回（或盘右半测回），测得角值为 $\beta_右=b_右-a_右$。

上、下两个半测回合称为一测回，一测回的观测程序概括为：上—左—顺，下—右—逆。

(5) 计算一测回角。

(6) 进行第二测回观测。

1.8.5 注意事项

(1) 要严格对中和整平仪器，对中误差在3mm以内，照准部水准管气泡偏离在1格内。

(2) 照准目标时，应尽量照准目标的底部，盘左、盘右照准目标的位置（高度）要尽量相同。

（3）由于水平度盘的刻画注记按顺时针方向增加，因此在计算角值时，无论是盘左还是盘右，均用右边目标的读数减去左边目标的读数，如果右边目标读数不够减，则应加上360°后再减。

（4）各项记录要完整、清楚、正确，不能涂改，因读错、记错需要改动时，要按照记录的有关规定进行改正。

（5）由于度盘变化方式的不同，置数方法也不相同。对于采用度盘变换手轮的仪器，应先照准目标，然后打开变换手轮护盖，转动变换手轮进行置数，最后关闭护盖，以免碰动度盘。

（6）观测过程中，若发现水准管气泡偏离超过一格，应重新整平仪器，本测回重测。

（7）半测回差、测回差超限时，不得改动数据，应重测。

1.8.6　训练表格

按表 1.15 补充第三测回观测数据，并完成全部计算。

表 1.15　　**测回法观测手簿（一）**

日期________　仪器型号________　观测者________

时间________　天　　气________　记录者________

测站（测回）	目标	竖盘位置	水平度盘读数 /(° ′ ″)	半测回角值 /(° ′ ″)	一测回角值 /(° ′ ″)	各测回平均角值 /(° ′ ″)	备注
O (1)	A	左	0 02 30	95 18 18	95 18 24	95 18 20	
	B		95 20 48				
	B	右	275 21 12	95 18 30			
	A		180 02 42				
O (2)	A	左	90 03 06	95 18 30	95 18 15		
	B		185 21 36				
	B	右	5 21 54	95 18 00			
	A		270 03 54				
O (1)	A	左	0 03 12				
	B		40 33 24				
	B	右	220 33 18				
	A		180 03 00				
O (2)	A	左	60 02 06				
	B		100 32 12				
	B	右	280 32 24				
	A		240 02 00				
O (3)	A	左					
	B						
	B	右					
	A						

1.8.7 记录表格

将实训数据记录在表 1.16 中。

表 1.16 测回法观测手簿（二）

日期＿＿＿＿ 仪器型号＿＿＿＿ 观测者＿＿＿＿

时间＿＿＿＿ 天 气＿＿＿＿ 记录者＿＿＿＿

测站（测回）	目标	竖盘位置	水平度盘读数 /(° ′ ″)	半测回角值 /(° ′ ″)	一测回角值 /(° ′ ″)	各测回平均角值 /(° ′ ″)	备注
		左					
		右					
		左					
		右					
		左					
		右					
		左					
		右					
		左					
		右					
		左					
		右					
		左					
		右					
		左					
		右					

1.8.8　简答题

（1）简述测回法观测水平角的实训步骤。

（2）对水平角进行一测回的观测，观测过程中为什么既用盘左又用盘右观测？

（3）对水平角进行多测回的观测，测回间配置的起始目标读数如何变化？为什么？

（4）进行两个测回的水平角观测，测回间是否可以重新整平仪器？

（5）水平角观测的限差要求有哪些？

（6）半测回角如何计算？如果右目标小于左目标读数，半测回角如何计算？

任务1.9 全圆方向法观测水平角

1.9.1 技能目标

(1) 进一步熟悉 DJ_6 经纬仪的使用方法。

(2) 掌握全圆方向法观测水平角的观测、记录与计算。

1.9.2 实训器具

每个小组领取下列实训器具：DJ_6 光学经纬仪1台，经纬仪专用脚架1个，照准标志4个（测钎），自备记录板、铅笔、计算器等。

1.9.3 实训要求

(1) 熟练掌握经纬仪的安置（对中、整平），对中和整平符合要求。

(2) 进行两个测回的观测，第一测回置数在0°附近，第二测回置数在90°附近。

(3) 每个测回由两个人合作完成，每人观测一个测回，换人可以不重新安置仪器。

(4) 各项限差符合规范要求。

1.9.4 实训步骤

(1) 如图1.13所示，在测站点 O 安置经纬仪，选一距离适中、背景明亮、成像清晰的目标（如图中 A 点）作为起始方向，盘左照准 A 目标，配盘，使水平度盘读数略大于0°（一般为0°05′左右），再松开制动，重新照准 A 方向，读取水平度盘读数 a，将读数记入观测手簿。

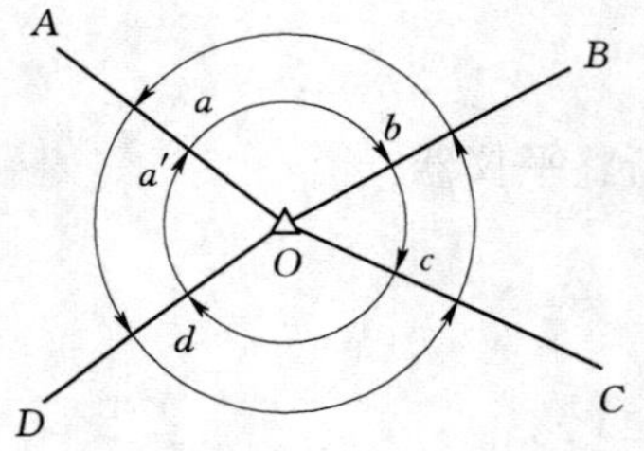

图1.13 全圆方向法观测水平角

(2) 顺时针旋转照准部，依次照准 B、C、D 目标，并分别读取水平度盘读数为 b、c、d，将读数记入观测手簿；最后回到起始方向 A，再读取水平度盘读数为 a'。

(1)、(2) 为上半测回，上半测回自上而下记录。

(3) 盘右照准 A 目标，读取水平度盘读数，将读数记入观测手簿。

(4) 逆时针方向旋转照准部，依次照准 D、C、B，最后回到起始方向 A，分别读取水平度盘读数并记入观测手簿。

(3)、(4) 为下半测回，下半测回自下而上记录。

以上操作过程称为一测回，为了提高观测精度，常观测多个测回；各测回配盘方法与测回法相同。

1.9.5 全圆方向法的记录、计算

全圆方向法的记录手簿见表1.17。盘左观测时，由上往下记录；盘右观测时，由下往上记录。记录方法和有关要求分述如下：

(1) 半测回作业中，最后再次观测起始方向的操作称为归零。归零的目的是检核观测中仪器是否发生了变动。半测回的归零差应不超过±18″。

(2) $2c$ 即正倒镜照准同一目标时水平度盘读数之差，称为二倍照准差，按下式计算：

$$2c = \text{盘左读数 } L - (\text{盘右读数 } R \pm 180°)$$

在没有水平度盘偏心差影响的情况下，$2c$ 值的大小和稳定性反映了望远镜视准轴与

横轴是否垂直以及照准和读数是否精确。DJ_6 经纬仪采用单指标，按上式计算得的 2*c* 值中包含了水平度盘可能出现的偏心差，已不能真实反映与横轴的关系以及照准和读数的质量，故不必计算 2*c* 值。

（3）同一方向盘左、盘右读数的平均值按下式计算：

$$平均值=[L+(R\pm 180°)]/2$$

在一测回中，起始方向盘左、盘右读数的平均值有两个，应再取这两个平均值的中数写在第一个平均值上方的括号内，然后将各个方向盘左、盘右读数的平均值减去此中数，算得各方向的一测回归零方向值。各个测回同一方向的归零方向值较差不应超过±24″。

（4）取各测回归零方向值的平均值，填入手簿相应栏中；由相应两方向值相减即可求相应的水平角值。

1.9.6　注意事项

（1）要严格对中和整平仪器，对中误差在 3mm 以内，照准部水准管气泡偏离在 1 格内。

（2）照准目标时，应尽量照准目标的底部，盘左、盘右照准目标的位置（高度）要尽量相同。

（3）各项记录要完整、清楚、正确，不能涂改，因读错、记错需要改动时，要按照记录的有关规定进行改正。

（4）由于度盘变化方式的不同，置数方法也不相同。对于采用度盘变换手轮仪器，应先照准目标，然后打开变换手轮护盖，转动变换手轮进行置数，最后关闭护盖，以免碰动度盘。

（5）半测回归零差、2*c* 互差、各测回归零方向值之差应符合规范要求；若超限，按规定重测。

1.9.7　训练表格

完成表 1.17 剩余部分的计算。

表 1.17　　全圆方向法观测手簿（一）

测站	测回	目标	水平度盘读数		2*c*=左−(右±180°) /(″)	平均读数=[左+(右±180°)]/2 /(° ′ ″)	一测回归零方向值 /(° ′ ″)	各测回平均归零方向值 /(° ′ ″)	水平角 /(° ′ ″)
			盘左 /(° ′ ″)	盘右 /(° ′ ″)					
(1)	(2)	(3)	(4)	(5)	(6)	(7)	(8)	(9)	(10)
O	1	*A*	0 01 12	180 01 00	+12	(0 01 03) 0 01 06	0 00 00		
		B	41 18 12	221 18 00	+12	41 18 06	41 17 03		
		C	124 27 36	304 27 30	+6	124 27 33	124 26 30		
		D	160 25 18	340 25 00	+18	160 25 09	160 24 06		
		A	0 01 06	180 00 54	+12	0 01 00			
O	2	*A*	90 03 18	270 03 12					
		B	131 20 12	311 20 00					
		C	214 29 54	34 29 42					
		D	250 27 24	70 27 06					
		A	90 03 06	270 03 00					

1.9.8 记录表格

将实训数据填写到表1.18中。

表1.18 全圆方向法观测手簿（二）

日期__________ 仪器型号__________ 观测者__________

时间__________ 天　气__________ 记录者__________

测站	测回	目标	水平度盘读数		2c=左−（右±180°）/（″）	平均读数=[左+（右±180°）]/2 /（° ′ ″）	归零后方向值 /（° ′ ″）	各测回归零后方向平均值 /（° ′ ″）	水平角 /（° ′ ″）
			盘左 /（° ′ ″）	盘右 /（° ′ ″）					
(1)	(2)	(3)	(4)	(5)	(6)	(7)	(8)	(9)	(10)

1.9.9 简答题

（1）简述全圆方向法观测水平角的实训步骤。

（2）测回法适用于什么情况？全圆观测法适用于什么情况？

（3）全圆方向法观测水平角时，如何选择起始方向？

（4）全圆方向法有哪些限差要求？

任务1.10 天顶距观测

1.10.1 技能目标

（1）掌握竖直度盘与望远镜的转动关系以及竖盘指标补偿器的使用方法。

（2）掌握天顶距的观测、记录、指标差和天顶距的计算方法。

1.10.2 实训器具

每个小组领取下列实训器具：DJ_6 光学经纬仪1台，经纬仪专用脚架1个，照准标志2个（测钎），自备记录板、铅笔、计算器等。

1.10.3 实训要求

（1）熟练掌握经纬仪的安置（对中、整平），对中和整平符合要求。

（2）选定两个高目标和两个低目标进行观测，比较天顶距的大小与视线高低的关系。

（3）进行两个测回的观测，每个测回由两个人合作完成，每人观测一个测回，换人可以不重新安置仪器。

（4）各项限差符合规范要求。

1.10.4 实训步骤

（1）安置仪器于测站点，对中整平。

（2）盘左中丝照准目标顶部或某一固定位置，调节指标水准管微动螺旋使气泡居中（或打开自动补偿开关），读数、记录，即为上半测回。如果照准目标有多个，则在盘左位置依次照准各目标，分别读数、记录。

（3）盘右中丝照准目标，调节指标水准管微动螺旋使气泡居中（或打开自动补偿器），读数、记录，即为下半测回。如果照准目标有多个，则在盘右位置依次照准各目标，分别读数、记录。

（4）按公式 $x=\frac{1}{2}(L+R-360°)$，计算指标差 x；再按公式 $Z=L-x$，计算天顶距。

第二测回观测程序同上。

1.10.5 注意事项

（1）要严格对中和整平仪器，对中误差在3mm以内，照准部水准管气泡偏离在1格内。

（2）读数前，必须打开竖盘指标补偿器开关，仪器装箱前，一定关上。

（3）照准目标顶部，盘左盘右照准同一目标的同一位置。

（4）两测回观测过程中，不得重新整平仪器。

（5）指标差的变动范围不得超过24″，各测回同一目标天顶距较差不得超过24″。

1.10.6 训练表格

完成表1.19剩余部分的计算。

表 1.19 天顶距观测手簿（一）

日期________ 仪器型号________ 观测者________

时间________ 天　气________ 记录者________

测站	测回	目标	竖盘读数		指标差/(″)	一测回天顶距/(° ′ ″)	各测回平均天顶距/(° ′ ″)
			盘左/(° ′ ″)	盘右/(° ′ ″)			
O	1	*A*	84 33 24	275 26 18	−9	84 33 33	
		B	91 34 00	268 25 48	−6	91 34 06	
		C	78 18 18	281 41 42	0	78 18 18	
		D	93 32 48	266 27 18	+3	93 32 45	
	2	*A*	84 33 18	275 26 30			
		B	91 33 54	268 26 06			
		C	78 18 24	281 41 42			
		D	93 32 42	266 27 12			

1.10.7 记录表格

将实训数据记入表 1.20 中。

表 1.20 天顶距观测手簿（二）

日期________ 仪器型号________ 观测者________

时间________ 天　气________ 记录者________

测站	测回	目标	竖盘读数		指标差/(″)	一测回天顶距/(° ′ ″)	各测回平均天顶距/(° ′ ″)
			盘左/(° ′ ″)	盘右/(° ′ ″)			

1.10.8 简答题

(1) 简述天顶距观测的实训步骤。

(2) 什么是竖盘指标差？如何计算竖盘指标差？观测中如何消除指标差的影响？

(3) 进行两个测回的天顶距观测，测回间是否可以重新整平仪器？为什么？

(4) 天顶距观测有哪些限差要求？

任务 1.11　DJ_6 经纬仪的检验与校正

1.11.1　技能目标

（1）掌握经纬仪各轴线间正确关系，了解条件不满足时对测角的影响。

（2）基本掌握经纬仪检校的方法和步骤。

1.11.2　实训器具

每个小组领取下列实训器具：DJ_6 光学经纬仪 1 台，经纬仪专用脚架 1 个，照准标志 1 个（测钎），校正工具，自备记录板、铅笔、计算器等。

1.11.3　实训要求

（1）按检验任务的要求选择合适的实训场地。

（2）检验、校正时按规定的顺序进行。

（3）如检验出不符合要求的任务，须在指导教师的指导下进行校正，切忌盲目操作。

1.11.4　实训步骤

1.11.4.1　照准部水准管的检验校正

（1）将仪器安置于一点，转动仪器使照准部水准管平行于一对脚螺旋，转动脚螺旋使气泡居中。

（2）打开水平制动螺旋，使照准部水准管旋转 180°，如气泡居中说明条件满足，否则就需要校正。

（3）旋转两个脚螺旋使气泡向中央移动偏移格数的一半。

（4）用校正针拨动水准管一端的校正螺旋（抬高或放低）使气泡居中。

此项检验校正需反复进行，直至水准转到任何位置气泡都能居中。

1.11.4.2　十字丝竖丝的检验校正

检验：整平仪器后，用十字丝竖丝上端照准一个固定点，旋紧制动螺旋，转动望远镜微动螺旋使望远镜上下转动，如固定点始终不离开竖丝，说明条件满足（或者利用竖丝照准一垂线，如竖丝与垂线重合，说明条件满足），否则就需要校正。

校正：打开目镜护罩，松开四个十字丝校正螺丝，转动十字丝环使竖丝再转到固定点上（或使竖丝与垂线重合），拧紧校正螺丝。

1.11.4.3　视准轴的检验校正

（1）安置经纬仪于一点，整平后用望远镜盘左位置照准远方 30m 与仪器同高一点 A，读取水平度盘读数 $a_{左}$。

（2）盘右位置照准目标 A 点，同前读数设为 $a_{右}$，若 $a_{左}=a_{右}\pm 180°$，则条件满足，否则就需要校正。

（3）计算盘左、盘右读数的平均值 $a=(a_{左}+a_{右}\pm 180°)/2$。

（4）在盘右位置转动水平微动，使水平度盘读数 $a_{右}$ 等于 a，此时十字丝环中心偏离 A 点。

（5）拨动十字丝环左、右两个校正螺旋（松一个、紧一个），移动十字丝环，使十字丝环中心对准目标 A 点为止。

1.11.4.4 横轴的检验校正

（1）安置仪器，使其距离墙壁 20～30m。

（2）盘左照准墙壁高处一固定点 P，下旋望远镜到大致水平位置，在墙壁贴纸处标出十字丝中心照准的点位 M_1。

（3）盘右照准高处 P 点之后，下旋望远镜到大致水平位置，同前在墙上标出另一点 M_2，若 M_1 与 M_2 重合，说明此项条件是满足的，否则就需要校正。

（4）校正步骤。在墙上取 M_1、M_2 的中点为 M，转动使望远镜十字丝中点对准 M 点后，上旋望远镜至 P 点，此时十字丝中心将不对准 P 点，打开支架封盖，转动偏心轴承固定螺旋即抬高或降低望远镜横轴的一端，使十字丝中心对准 P 点。

光学经纬仪的横轴是密封的，仪器没有受到很大震动时一般能保证横轴与竖轴的垂直关系。如需校正，最好由专业检修人员进行。

1.11.4.5 竖盘指标差的检验

（1）用盘左位置照准高处目标 P 点位置，转动望远镜水准管微动螺旋使竖盘水准管气泡居中，读数为 L。

（2）用盘右位置，同样方法读数为 R，若 $x=[(L+R)-360°]/2\leqslant\pm30''$，说明条件满足，否则就需要校正。

（3）盘右位置照准原目标，用校正针拨动水准管上下校正螺丝，使气泡居中。此项检校反复进行直至 $x\leqslant\pm30''$。

1.11.4.6 光学对中器的检验校正

检验：在三脚架上装置经纬仪，在地面上铺以白纸，在纸上标出视线的位置，然后将照准部旋转 180°，如果视线仍在原来的位置，则上述关系满足，否则需要校正。

校正：校正时先在白纸上标定出两点的中点，然后打开对中器护盖，调整对中器的直角棱镜或对中器的分划板，使对中器对准中点，此项检校也应反复进行直到条件满足。

1.11.5 记录表格

将实训数据记入表 1.21 中。

表 1.21 **经纬仪检验记录表**

日期______ 天气______ 仪器型号______

<table>
<tr><td rowspan="2">1</td><td rowspan="2">水准管轴的检验</td><td colspan="2">检验次数</td><td>1</td><td>2</td><td>3</td></tr>
<tr><td colspan="2">气泡偏离格数</td><td></td><td></td><td></td></tr>
<tr><td rowspan="2">2</td><td rowspan="2">十字丝竖丝的检验</td><td colspan="2">检验次数</td><td>1</td><td>2</td><td>3</td></tr>
<tr><td colspan="2">误差是否显著</td><td></td><td></td><td></td></tr>
<tr><td rowspan="5">3</td><td rowspan="5">视准轴的检验</td><td>后视目标</td><td colspan="4">度盘读数</td></tr>
<tr><td rowspan="4">P点</td><td>次数
读数</td><td>1</td><td>2</td><td>3</td></tr>
<tr><td>盘左</td><td></td><td></td><td></td></tr>
<tr><td>盘右</td><td></td><td></td><td></td></tr>
<tr><td>$L-(R\pm180°)$</td><td></td><td></td><td></td></tr>
</table>

续表

4	横轴的检验	后视目标	次数 / 读数	1	2	3
		M 点	盘左			
			盘右			
			$L-(R\pm180°)$			
5	竖盘指标差的检验	检验次数	竖盘读数		指标差	校正盘右正确读数
			盘左	盘右		
		1				
		2				
		3				
6	光学对中器的检验	检验次数	1	偏离值		
			2			
			3			

1.11.6　简答题

（1）简述视准轴的检验校正方法。

（2）经纬仪有哪些主要轴线？各轴线之间应满足哪些几何条件？

（3）水平角观测盘左盘右观测可以消除哪些误差？天顶距观测盘左盘右观测可以消除哪些误差？

任务1.12 经纬仪视距测量

1.12.1 技能目标

（1）掌握经纬仪视距测量的观测、记录和计算方法。

（2）掌握视距测量不同操作方法的观测过程。

（3）熟悉视距测量的计算器操作，体验不同操作方法观测结果之间的差异。

1.12.2 实训器具

每个小组领取下列实训器具：DJ_6 经纬仪1台，经纬仪专用脚架1个，视距尺（水准尺）1根，小钢卷尺1把，自备记录板、铅笔、计算器等。

1.12.3 实训要求

（1）同一个点位用四种不同操作方法进行观测，分别进行计算，并比较不同方法观测结果之间的差异。

（2）水平距离取位至0.1m，高差取位至0.1m（平地取位至0.01m）；不同方法水平距离差异不超过0.1m，高差差异不超过0.1m。

1.12.4 实训步骤

（1）测站点上安置仪器，对中整平，量取仪器高 i（精确至厘米），假定测站点高程 H_0。

（2）选择立尺点，竖立视距尺。

（3）以经纬仪的盘左位置照准视距尺，采用不同的操作方法对同一根视距尺进行观测。对于天顶距式注记的经纬仪，在忽略指标差的情况下，盘左竖盘读数即天顶距。根据不同的仪器，竖盘读数前，或者打开竖盘指标补偿器开关，或者使竖盘指标水准管气泡居中。

1）任意法：望远镜十字丝照准尺面，高度使三丝均能读数即可。

读取上丝读数、下丝读数、中丝读数 v、竖盘读数 L，分别记入手簿。

计算：水平距离 $D=Kl\sin^2 Z$，高差 $h=D/\tan Z+i-v$，高程 $H=H_0+h$。

2）等仪器高法：望远镜照准视距尺，使中丝读数等于仪器高，即 $i=v$。

读取上丝读数、下丝读数、竖盘读数 L，分别记入手簿。

计算：水平距离 $D=Kl\sin^2 Z$，高差 $h=D/\tan Z$，高程 $H=H_0+h$。

3）直读视距法：望远镜照准视距尺，调节望远镜高度，使下丝对准视距尺上整米读数，且三丝均能读数。

读取视距 Kl、中丝读数 v、竖盘读数 L，分别记入手簿。

计算：水平距离 $D=Kl\sin^2 Z$，高差 $h=D/\tan Z+i-v$，高程 $H=H_0+h$。

4）平截法（经纬仪水准法）：望远镜照准视距尺，调节望远镜高度，使竖盘读数 $L=90°$。

读取上丝读数、下丝读数、中丝读数 v，分别记入手簿。

计算：水平距离 $D=Kl$，高差 $h=i-v$，高程 $H=H_0+h$。

1.12.5　注意事项

（1）视距测量只用盘左观测半个测回，所以实训所用经纬仪事先应进行检验校正，使竖盘指标差不超过 1′。

（2）视距尺应竖直。

（3）四种不同的方法观测时，立尺点位不要改变。

（4）对于有竖盘指标补偿器的仪器，装箱前应关闭其开关。

1.12.6　训练表格

完成表 1.22 剩余部分的计算。

表 1.22　　**视距测量记录手簿（一）**

日期 2014 年 5 月 20 日　小组 第一组　仪器型号 D-5

测站名称 A　测站高程 80.00m　仪器高 1.50m

测点	读数/m		视距 Kl /m	中丝/m	竖盘读数 /(° ′ ″)	水平距离 /m	高差 /m	高程 /m
	上丝	下丝						
1	1.523	1.244	27.9	1.384	90 30 00	27.9	−0.13	79.87
2	1.865	1.175		1.520	87 35 24			
3	2.485	1.678		2.082	92 45 36			
4	1.678	0.834		1.256	90 12 30			

1.12.7　记录表格

将实训数据记入表 1.23 中。

表 1.23　　**视距测量记录手簿（二）**

日期__________　小组__________　仪器型号__________

测站名称__________　测站高程__________　仪器高__________

测号	读数/m		视距 Kl /m	中丝/m	竖盘读数 /(° ′ ″)	水平距离 /m	高差 /m	高程 /m
	上丝	下丝						

1.12.8 简答题

(1) 简述用等仪器高法进行视距测量的操作步骤。

(2) 视距测量有几种不同的观测方法？各种不同的观测方法的实施要点是什么？

(3) 经纬仪在什么情况下提供的视线是水平的？

(4) 采用平截法进行视距测量，如果事先测定出经纬仪的竖盘指标差为$-36''$，请问盘左竖盘读数为多少时，经纬仪提供的视线是水平的？

任务 1.13　全站仪三要素测量

1.13.1　技能目标

（1）认识全站仪的构造，掌握全站仪各部操作螺旋的使用。

（2）掌握安置全站仪的方法。

（3）掌握全站仪角度测量、距离测量和高差测量的按键操作。

1.13.2　实训器具

每个小组领取下列实训器具：全站仪 1 台（套）、全站仪专用架腿 1 个，反射棱镜 2 台（套），棱镜用架腿 2 个，小钢卷尺 1 把，自备铅笔、计算器等。

1.13.3　实训要求

（1）学会全站仪的使用后才能开机操作。

（2）角度取位至 1″，水平距离取位至 0.001m，高差取位至 0.001m。

1.13.4　实训步骤

（1）测站点上安置仪器，对中整平，量取仪器高 i（精确至毫米）。

（2）待测点上安置反射棱镜，棱镜朝向全站仪，量取棱镜高（精确至毫米）。

（3）认识全站仪操作面板，学会全站仪各部操作螺旋的使用。

（4）全站仪开机（视不同型号的全站仪决定是否在水平和竖直方向转动），进入开机界面（一般设置为角度测量模式）。

（5）全站仪仪盘左照准左侧棱镜中心，在角度测量模式下置零，进入距离测量模式测距，记录水平距离和高差，回到测角模式。

（6）全站仪盘左照准右侧棱镜中心，记录水平度盘读数；进入距离测量模式测距，记录水平距离和高差，回到测角模式。

（7）全站仪盘右照准右侧棱镜中心，记录水平度盘读数；进入距离测量模式测距，记录水平距离和高差，回到测角模式。

（8）全站仪盘右照准左侧棱镜中心，记录水平度盘读数；进入距离测量模式测距，记录水平距离和高差，回到测角模式。

1.13.5　注意事项

（1）全站仪价格昂贵，一定要按规程操作，保证仪器安全。

（2）仪器未整平不得开机，以免损坏全站仪补偿装置。

（3）开机观测以前，首先设置棱镜常数，使其与使用的棱镜常数相同；再输入温度、气压，以进行气象改正；距离测量选择精测测量模式。

（4）实训以外的功能不要操作，尤其是不要改变全站仪的设置。

（5）量取仪器高和棱镜高时，直接从地面点斜量至相应的中心位置。

（6）每次照准都要照准棱镜中心。

（7）测量工作完成后，全站仪必须关机后再装箱。

1.13.6　训练表格

完成表 1.24 剩余部分的计算。

表 1.24　　全站仪三要素测量记录手簿（一）

测站—仪器高/m	测点	度盘读数/(° ′ ″) 左	度盘读数/(° ′ ″) 右	半测回角/(° ′ ″)	一测回角/(° ′ ″)	棱镜高/m	水平距离/m	平均距离/m	高差/m	地面高差/m	平均高差/m
1—1.450	*A*	0 00 00	180 00 01	90 00 01	90 00 00	1.625	99.343	99.345	+1.002	+0.827	+0.828
							99.347		+1.005	+0.830	
	B	90 00 01	270 00 00	89 59 59		1.585	50.534	50.534	−2.001	−2.136	−2.137
							50.533		−2.003	−2.138	
2—1.500	*C*	0 00 00	179 59 58	120 45 40	120 45 40	1.732	78.876	78.876	−0.424	−0.656	−0.656
							78.877		−0.423	−0.655	
	D	120 45 40	300 45 39	120 45 41		1.633	62.425	62.426	+1.428	+1.295	+1.294
							62.427		+1.426	+1.293	
3—1.623	*E*	0 00 00	180 00 01			1.602	66.456		+1.467		
							66.455		+1.465		
	F	155 34 55	335 34 57			1.534	87.654		+1.593		
							87.654		+1.590		
4—1.548	*G*	0 00 00	180 00 00			1.476	44.655		−0.342		
							44.653		−0.343		
	H	45 56 41	225 56 38			1.634	60.01		+1.234		
							60.00		+1.235		

1.13.7 记录表格

将实训数据填写表 1.25 中。

表 1.25　　全站仪三要素测量记录手簿（二）

测站—仪器高/m	测点	度盘读数/(° ′ ″) 左	度盘读数/(° ′ ″) 右	半测回角/(° ′ ″)	一测回角/(° ′ ″)	棱镜高/m	水平距离/m	平均距离/m	高差/m	地面高差/m	平均高差/m
—											
—											
—											

1.13.8　简答题

（1）简述全站仪三要素测量的实训步骤。

（2）简述全站仪测距的基本原理。

（3）简述全站仪的结构组成。

任务1.14 导 线 测 量

1.14.1 技能目标

（1）掌握导线的布设方法。

（2）熟悉全站仪的操作。

（3）掌握全站仪图根导线的观测、记录与计算方法。

（4）掌握全站仪导线的主要技术指标，掌握测站及路线的检核方法。

1.14.2 实训器具

每个小组领取下列实训器具：全站仪1台（套），全站仪专用架腿1个，反射棱镜2台（套），棱镜用架腿2个，小钢卷尺1把，自备铅笔、计算器等。

1.14.3 实训要求

（1）布设由4个点组成的闭合导线。

（2）测角：采用一测回观测，半测回角限差36″。

（3）测边：采用对向观测，单向观测1个测回（记录至毫米）。相对误差小于等于1/5000。

（4）角度闭合差允许值：$f_{\beta允}=\pm 40''\sqrt{n}$。

（5）导线全长相对闭合差：$K\leqslant 1/5000$。

（6）角度取位至秒，坐标取位至毫米。

1.14.4 实训步骤

如图1.14所示为4点闭合导线，已知1点平面坐标（x_1，y_1），直线12的坐标方位角，测算2、3、4点的平面坐标。

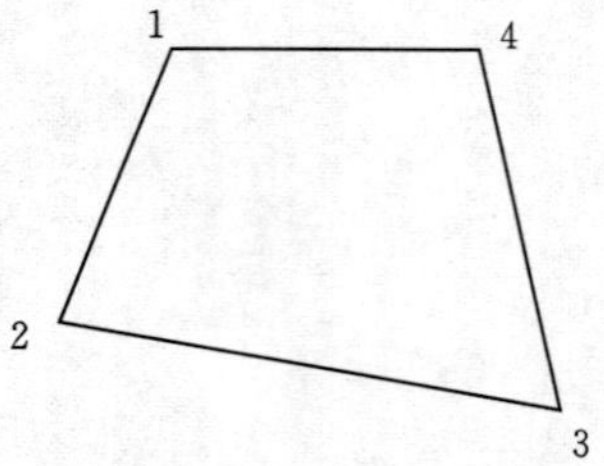

图1.14 闭合导线示意图

（1）1点上安置全站仪，量取仪器高i（精确至毫米）。

（2）待测点4、2点上安置反射棱镜，对中整平后棱镜朝向全站仪，量取棱镜高（精确至毫米）。

（3）观测者使用全站仪进行角度及距离测量，角度测量采用测回法观测一测回；距离测量采用对向观测，每个单向盘左盘右观测。

（4）记录者复述观测结果并记录到观测表格中。

（5）采用逐点观测的方法搬站，即将仪器搬至2点，4点的棱镜搬至1点，2点的棱镜搬至3点，重复以上的观测方法，直至终点。

1.14.5 注意事项

（1）全站仪价格昂贵，一定要按规程操作，保证仪器安全。

（2）仪器未整平不得开机，以免损坏全站仪补偿装置。

（3）开机观测以前，首先设置棱镜常数，使其与使用的棱镜常数相同；再输入温度、气压，以进行气象改正；距离测量选择精测测量模式。

（4）实训以外的功能不要操作，尤其是不要改变全站仪的设置。

（5）量取仪器高和棱镜高时，直接从地面点斜量至相应的中心位置。

（6）每次照准都要照准棱镜中心。

（7）测量工作完成后，全站仪必须关机后再装箱。

（8）每测站需要一名组员进行观测，一名组员进行记录，两名成员架设棱镜，每位小组成员都需要进行观测、记录、立棱镜。

1.14.6 记录表格

将记录结果填写在表 1.26 中。

表 1.26　　平面控制测量外业记录表格

测站	竖盘位置	目标	水平度盘读数	半测回角值	一测回角值	边名	盘左	往测	平均距离	备注
							盘右	返测		
	左					—				
	右									
	左					—				
	右									
	左					—				
	右									
	左					—				
	右									
	左					—				
	右									
	左					—				
	右									
	左					—				
	右									
	左					—				
	右									

1.14.7 计算表格

将观测数据填入表 1.27 中，假定已知点坐标和起始边的方位角，完成导线计算。

表 1.27　　闭合导线坐标计算表

点名	改正数 观测角值 /(° ′ ″)	改正后 角值 /(° ′ ″)	方位角 /(° ′ ″)	边长 /m	改正数/mm 增量计算值/m		改正后的坐标 增量值/m		坐标/m	
					Δx_i	Δy_i	$\Delta x_{i改}$	$\Delta y_{i改}$	x	y
Σ								0		

辅助计算：

1.14.8 简答题

（1）简述导线测量的实训步骤。

（2）导线有哪几种布设形式？各适用于什么情况？

任务 1.15　经纬仪测绘法（观测）

1.15.1　技能目标

（1）掌握经纬仪测绘法测图的方法和步骤。

（2）掌握经纬仪测绘法测图的记录与计算方法，熟悉计算器的使用方法。

1.15.2　实训器具

每个小组领取下列实训器具：DJ_6 经纬仪 1 台，经纬仪专用架腿 1 个，视距尺（水准尺）1 根，小钢卷尺 1 把，自备记录板、铅笔、计算器等。

1.15.3　实训要求

（1）地面上若无已知控制点，采用假定的三维坐标。

（2）每观测完一点即刻进行计算。

（3）水平距离、坐标增量、坐标取位至 0.1m，高差、高程取位至 0.1m（平地取位至 0.01m）。

1.15.4　实训步骤

（1）安置仪器。测站点上安置仪器，对中整平，量取仪器高 i（精确至厘米），假定测站点三维坐标；定向点竖立觇标。

（2）经纬仪定向。经纬仪盘左照准觇标底部，配盘，使水平度盘读数为后视方向的方位角。

（3）观测。待测地形点上竖立视距尺，经纬仪照准视距尺，采用视距测量的任何一种方法进行观测，并读取水平度盘读数，4 种视距测量方法为：①任意法；②等仪器高法；③直读视距法；④平截法（经纬仪水准法）。

（4）计算。根据不同的观测方法，按视距测量计算水平距离和高差，再计算坐标增量、坐标和高程。水平度盘读数就是照准方向的方位角。

$$\Delta x = D\cos\alpha,\quad \Delta y = D\sin\alpha$$

$$x_{碎} = x_{站} + \Delta x,\quad y_{碎} = y_{站} + \Delta y,\quad H_{碎} = H_{站} + h$$

1.15.5　注意事项

（1）经纬仪测绘法只用盘左观测，所以实训所用经纬仪应事先进行检验校正，使竖盘指标差不超过 1′。

（2）根据展点方法的不同选择定向方法。

（3）根据地形情况选择不同的观测方法，针对不同的观测方法确定计算方法。

（4）每观测若干点后，进行定向检查，定向误差不超过 4′。

1.15.6 训练表格

完成表 1.28 剩余部分的计算。

表 1.28 **经纬仪测绘法记录手簿（一）**

日期________ 小组________ 仪器型号________

测站点 *A* 后视点 *B* 后视方位角 0°30′30″ 仪器高 1.45m

测站点纵坐标 500.00 测站点横坐标 500.00 测站点高程 62.50m

测点	上丝/m	下丝/m	视距/m	中丝/m	水平度盘读数/(° ′ ″)	竖盘读数/(° ′ ″)	水平距离/m	高差/m	坐标增量/m		坐标/m		高程/m
									Δ*x*	Δ*y*	*x*	*y*	
1	1.681	1.251	43.0	1.466	30 35 00	89 43 00	43.0	0.19	37.0	21.9	537.0	521.9	62.69
2	1.692	1.262		1.477	108 42 30	88 40 30							
3	1.543	0.853	69.0	1.198	235 24 30	91 20 30	69.0	−1.36	−39.2	−56.8	460.8	443.2	61.14
4	1.854	1.024		1.439	328 26 00	92 12 00							

1.15.7 记录表格

将实训数据填入表 1.29 中。

表 1.29 **经纬仪测绘法记录手簿（二）**

日期________ 小组________ 仪器型号________

测站点________ 后视点________ 后视方位角________ 仪器高________

测站点纵坐标________ 测站点横坐标________ 测站点高程________

测点	上丝/m	下丝/m	视距/m	中丝/m	水平度盘读数/(° ′ ″)	竖盘读数/(° ′ ″)	水平距离/m	高差/m	坐标增量/m		坐标/m		高程/m
									Δ*x*	Δ*y*	*x*	*y*	

1.15.8　简答题

（1）简述观测时采用直读视距法的操作要领。

（2）简述经纬仪测绘法测站上的操作步骤。

（3）什么是碎部测量？碎部测量时如何选择碎部点？

（4）什么是地形图？地形图上应该包括哪些内容？

（5）什么是地物符号？地物符号分哪几种？

（6）什么是等高线？等高线有哪些特性？

任务1.16 经纬仪测绘法（绘图）

1.16.1 技能目标

（1）掌握经纬仪测绘法测图的方法和步骤。

（2）掌握经纬仪测绘法测图的记录与计算方法，熟悉计算器的使用方法。

（3）掌握经纬仪测绘法测图展点与绘图方法。

1.16.2 实训器具

每个小组领取下列实训器具：DJ_6 经纬仪1台，经纬仪专用架腿1个，图板1块，坐标展点器1个，视距尺（水准尺）1根，小钢卷尺1把，自备记录板、铅笔、计算器等。

1.16.3 实训要求

（1）地面上若无已知控制点，采用假定的三维坐标。

（2）每观测完一点即刻进行计算并展点，边测边展边绘。

（3）水平距离、坐标增量、坐标取位至0.1m，高差、高程取位至0.1m（平地取位至0.01m）。

1.16.4 实训步骤

（1）安置仪器。测站点上安置仪器，对中整平，量取仪器高 i（精确至厘米），假定测站点三维坐标；定向点竖立觇标。

（2）安置图板。图板安置在测站点附近，根据图廓西南角坐标确定每条格网线坐标。

（3）经纬仪定向。经纬仪盘左照准觇标底部，配盘，使水平度盘读数为后视方向的方位角。

（4）观测。待测地形点上竖立视距尺，经纬仪照准视距尺，采用视距测量的任何一种方法进行观测，并读取水平度盘读数。4种视距测量方法为：①任意法；②等仪器高法；③直读视距法；④平截法（经纬仪水准法）。

（5）计算。根据不同的观测方法，按视距测量计算水平距离和高差，再计算坐标增量、坐标和高程。水平度盘读数就是照准方向的方位角。

$$\Delta x = D\cos\alpha,\ \Delta y = D\sin\alpha$$

$$x_{碎} = x_{站} + \Delta x,\quad y_{碎} = y_{站} + \Delta y,\quad H_{碎} = H_{站} + h$$

（6）展点。首先确定碎部点所在方格西南角坐标，然后计算碎部点与它所在方格西南角坐标差，根据坐标差将碎部点展绘在图纸上，并在点位右侧注记高程。

（7）将地物点按地物形状连接起来，根据地貌点勾绘等高线。

1.16.5 注意事项

（1）经纬仪测绘法只用盘左观测，所以实训所用经纬仪应事先进行检验校正，使竖盘指标差不超过1′。

（2）根据展点方法的不同选择定向方法。

（3）根据地形情况选择不同的观测方法，针对不同的观测方法确定计算方法。

（4）边测边算边绘。

（5）每观测若干点后，进行定向检查，定向误差不超过4′。

1.16.6　记录表格

将实训数据填入表 1.30 中。

表 1.30　　**经纬仪测绘法记录手簿（三）**

日期______　小组______　仪器号______　测站点______　后视点______　后视方位角______

仪器高______　测站点纵坐标______　测站点横坐标______　测站点高程______

测点	上丝/m	下丝/m	视距/m	中丝/m	水平度盘读数/(° ′ ″)	竖盘读数/(° ′ ″)	水平距离/m	高差/m	坐标增量/m		坐标/m		高程/m
									Δx	Δy	x	y	

1.16.7　简答题

（1）简述用坐标展点器展绘碎部点的方法。

（2）什么是比例尺？什么是比例尺精度？

项目2 技 能 训 练

【项目描述】

理论教学、单项实训、技能训练、综合实训是“地形测量”课程四个重要的教学环节。在完成理论教学的基础上，通过技能训练，检验所学的理论知识，提升测量数据处理能力。

任务2.1 水 准 测 量

(1) 设A点为后视点，B点为前视点。A点的高程为80.332m，当后视读数为1.532m，前视读数为1.765m时。问：高差是多少？B点比A点高还是比A点低？视线高程是多少？B点高程是多少？(注：B点高程采用两种不同的方法计算，并试绘图说明。)

(2) 如图2.1所示，在水准点BM_1至BM_2间进行普通水准测量。试在水准测量观测手簿（表2.1）中进行记录与计算，并进行计算校核（已知$H_{BM1}=138.952$m，$H_{BM2}=142.110$m）。

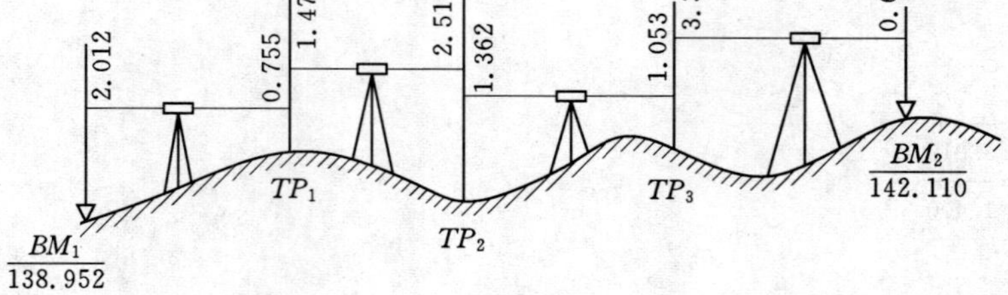

图2.1 普通水准测量

表 2.1 **普通水准测量观测手簿**

测站	测点	水准尺读数/m		高差/m		高程/m	备注
		后视读数	前视读数	+	−		
	Σ						
	$\sum a-\sum b=$			$\sum h=$		$h_{AB}=H_B-H_A=$	

（3）完成四等水准测量外业观测计算，并完成填空（表 2.2）。

表 2.2 **四等水准测量记录手簿**

测站编号	测点	后尺 上丝 / 下丝	前尺 上丝 / 下丝	方向及尺号	标尺读数		K＋黑－红	高差中数	备注
		后距 / 视距差 d	前距 / $\sum d$		黑面（中丝）	红面（中丝）			
1	BM_A—TP_1	0.940	2.770	后 6	0.820	5.509			
		0.740	2.585	前 7	2.677	7.465			
				后－前					
2	TP_1—TP_2	1.068	1.079	后	0.880	5.667			
		0.689	0.688	前	0.885	5.572			
				后－前					
3	TP_2—TP_3	2.571	2.566	后	2.082	6.769			
		1.593	1.596	前	2.081	6.867			
				后－前					
4	TP_3—BM_B	2.010	1.523	后	1.706	6.494			
		1.400	0.900	前	1.210	5.896			
				后－前					

四等水准测量测站上的观测顺序为：（　　　　）。各项限差为：视距差≤（　　）；视距累积差≤（　　）；黑红面读数差≤（　　）；黑红面高差之差≤（　　）。

（4）完成四等水准测量附合路线成果计算（表2.3）。

表2.3　附合水准路线计算表

点号	路线长 L /km	实测高差 h_i /m	高差改正数 v_{h_i} /m	改正后高差 $\hat{h}_i$/m	高程 H /m	备注
BM_A					67.937	已知
	1.5	+4.362				
1						
	0.6	+2.413				
2						
	0.8	−3.121				
3						
	1.0	+1.263				
4						
	1.2	+2.716				
5						
	1.6	−3.715				
BM_B					71.819	已知
Σ						
辅助计算	$f_h=\sum h_{测}-(H_B-H_A)=$		$f_{h容}=\pm 20\sqrt{L}=$			

简述附合水准路线的计算步骤：

（5）A 点到 B 点为一条四等支水准路线，已知水准点 A 点的高程为 62.305m，由 A 点往测到 B 点的高差为−1.456m，由 B 点返测到 A 点的高差+1.478m，A、B 两点的水准路线长度为 1.6km。计算高差闭合差、高差闭合差允许值以及 B 点高程。

(6) 如图 2.2 所示为一条普通闭合水准路线，已知水准点 BM_A 的高程为 123.500m，1、2、3 点为待定高程点，水准测量观测的各段高差及路线长度标注在图中，完成水准路线计算（表 2.4）。

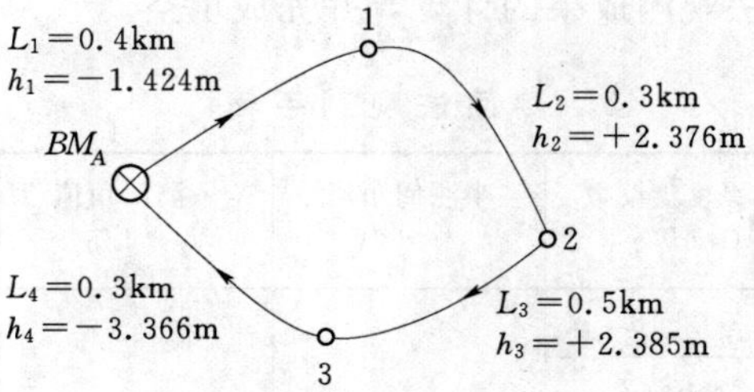

图 2.2 普通闭合水准路线

表 2.4 **闭合水准路线计算表**

点号	路线长 L /km	实测高差 h_i /m	高差改正数 v_{h_i} /m	改正后高差 $\hat{h}_i$/m	高程 H /m	备注
BM_A					123.500	已知点
1						
2						
3						
BM_A						
Σ						
辅助计算	$f_h=\sum h_{测}=$		$f_{h容}=\pm 40\sqrt{L}=$			

简述闭合水准路线的计算步骤：

任务2.2 角 度 测 量

(1) 完成表2.5测回法观测成果的计算，并完成填空。

表2.5 测回法观测手簿

测站（测回）	目标	竖盘位置	水平度盘读数/(° ′ ″)	半测回角值/(° ′ ″)	一测回角值/(° ′ ″)	各测回平均角值/(° ′ ″)	备注
O（1）	A	左	0 02 18				
	B		78 40 42				
	B	右	258 41 06				
	A		180 02 30				
O（2）	A	左	90 03 12				
	B		168 41 42				
	B	右	348 42 06				
	A		270 03 24				

测回法一测回的观测顺序为：(　　　　　　　　　　)；各项限差为：半测回限差≤(　　)，测回差≤(　　　　)。

(2) 完成表2.6天顶距观测的计算。

表2.6 天顶距观测手簿

测站（测回）	目标	竖盘位置	竖盘读数/(° ′ ″)	指标差/(″)	天顶距/(° ′ ″)	各测回平均天顶距/(° ′ ″)
O（1）	A	左	79 20 24			
		右	280 40 00			
	B	左	98 32 18			
		右	261 27 54			
	C	左	90 32 42			
		右	270 27 00			
	D	左	84 56 24			
		右	275 03 30			
O（2）	A	左	79 20 18			
		右	280 40 06			
	B	左	98 32 22			
		右	261 27 48			
	C	左	90 32 30			
		右	270 28 00			
	D	左	84 56 30			
		右	275 03 30			

天顶距观测的各项限差：对于 DJ_6 经纬仪，指标差的变动范围应不超过（ ）；各个测回同一方向的天顶距较差不应超过（ ）。

（3）完成表 2.7 全圆方向法观测成果的计算。

表 2.7 全圆方向法观测手簿

测站	测回数	目标	水平度盘读数		2c＝左－(右±180°) /(″)	平均读数＝[左＋(右±180°)]/2 /(° ′ ″)	一测回归零方向值 /(° ′ ″)	各测回归零方向值平均值 /(° ′ ″)	水平角 /(° ′ ″)
			盘左 /(° ′ ″)	盘右 /(° ′ ″)					
(1)	(2)	(3)	(4)	(5)	(6)	(7)	(8)	(9)	
O	1	*A*	0 02 18	180 02 12					
		B	60 23 30	240 23 24					
		C	107 19 24	287 19 18					
		D	171 00 00	350 59 54					
		A	0 02 24	180 02 18					
	2	*A*	90 03 36	270 03 30					
		B	150 24 48	330 24 48					
		C	197 20 42	17 20 36					
		D	261 01 18	81 01 12					
		A	90 03 36	270 03 36					

任务2.3 距 离 测 量

(1) 试整理下表(表2.8)中的观测数据,并计算AB间的水平距离以及往返测相对误差。已知钢尺长为30m,尺长方程式为:$l_t=30+0.005+1.25\times10^{-5}\times30\times(t-20℃)$。

表2.8 精密钢尺丈量计算表

直线	尺段	距离 d_i'/m	温度 /℃	尺长改正 Δd_l/m	温度改正 Δd_t/m	高差 h/m	倾斜改正 Δd_h/m	水平距离 d_i/m
A	A—1	29.391	10			+0.860		
	1—2	23.390	11			+1.280		
	2—3	27.682	11			−0.140		
	3—4	28.538	12			−1.030		
	4—B	17.899	13			−0.940		
B							Σ往	
B	B—1	25.300	13			+0.860		
	1—2	23.922	13			+1.140		
	2—3	25.070	11			+0.130		
	3—4	28.581	10			−1.100		
	4—A	24.050	10			−1.180		
A							Σ返	

AB间的水平距离为:

往返测相对误差为:

(2) 完成视距测量计算(表2.9)。

表2.9 视距测量观测手簿

测站名称 O 测站高程 62.562m 仪器高 1.52m

测点	读数/m		视距 Kl /m	中丝 /m	竖盘读数 /(° ′ ″)	水平距离 /m	高差 /m	高程 /m	备注
	上丝	下丝							
1	1.865	1.175		1.520	87 35 24				等仪器高法
2	1.753	1.287		1.520	93 35 30				等仪器高法
3	2.485	1.678		2.082	92 45 36				任意法
4	1.564	1.173		1.368	88 26 06				任意法
5	1.678	0.834		1.256	90 00 00				平截法
6	1.497	0.933		1.215	90 00 00				平截法
7	1.632	1.000		1.316	94 12 12				直读视距法
8	2.458	2.000		2.229	82 42 24				直读视距法

任务 2.4　测量数据简易处理

（1）为检定两台经纬仪甲、乙的测角精度，对已知精确测定的水平角 $\beta=58°02'00''$（无误差）分别进行 5 组观测，其结果为

甲：58°02′03″、58°02′05″、58°01′58″、58°01′57″、58°02′04″；

乙：58°01′59″、58°02′01″、58°02′00″、58°02′02″、58°02′01″。

试计算两台经纬仪测角的中误差，并分析两台经纬仪的精度。

（2）有两段距离 $S1$、$S2$，经多次观测得观测值及其中误差分别为 300.00m±2cm 和 600.00m±2cm。试求这两个观测值的相对误差，分析哪段距离观测精度高？

任务2.5 控 制 测 量

(1) 如图2.3所示，已知直线 AB 的方位角为160°12′45″。按图中所标注的数据（所有角皆为左角观测角），分别计算直线 BC、CD、DE、EF 的方位角，并换算成象限角。

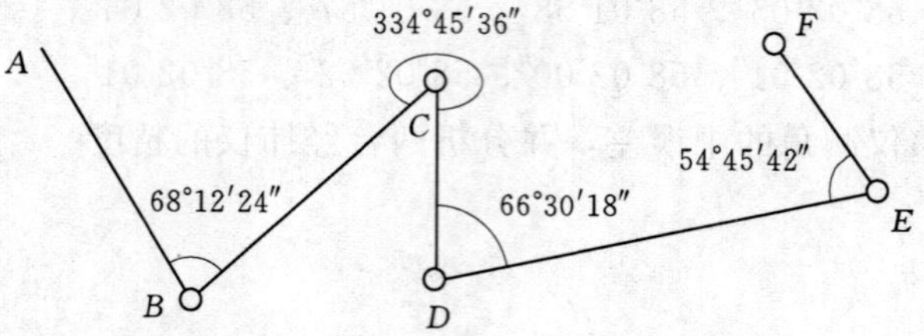

图2.3 方位角推算

(2) 如图2.4所示，已知1—2边的坐标方位角为65°，2点的右角观测角为150°，3点的左角观测角为165°。计算2—3边的正方位角及3—4边的反方位角。

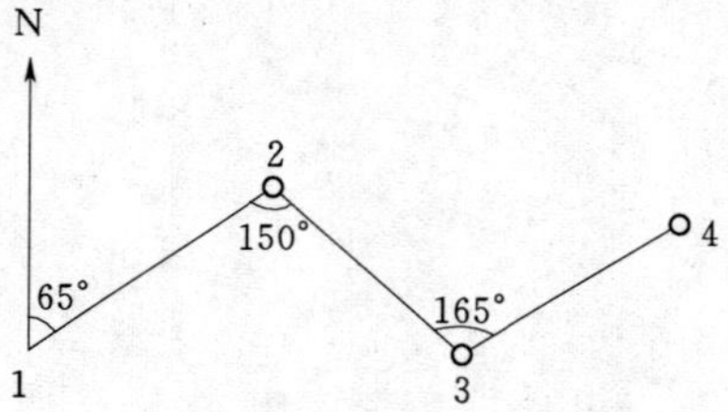

图2.4 方位角推算

（3）坐标正算：

已知 A 点坐标为 $x_A = 623.45\text{m}$，$y_A = 468.68\text{m}$，AB 两点间的水平距离为 $D_{AB} = 230.63\text{m}$，直线 AB 的方位角分别为：①48°12′40″、②148°12′40″、③248°12′40″和④348°12′40″。分别计算 B 点坐标。

（4）坐标反算：

已知 A 点坐标为 $x_A = 2445.321\text{m}$，$y_A = 2086.467\text{m}$，B 点坐标为 $x_B = 2779.654\text{m}$，$y_B = 1738.742\text{m}$。计算直线 AB 和直线 BA 的水平距离和方位角（距离取位至毫米，方位角取位至秒）。

（5）附合导线计算：

表 2.10 中为图根附合导线数据。计算角度闭合差、改正数、改正后角值，推算各边方位角。

表 2.10 附合导线计算表

点号	改正数/(″) 左角观测角/(° ′ ″)	坐标/m		改正后 角值/(° ′ ″)	坐标方位角 /(° ′ ″)
		x	y		
A		2005.10	7701.45		
B	323 30 40	2100.74	7575.30		
1	197 56 36				
2	139 21 00				
C	35 57 16	2102.94	8087.99		
D		2153.44	7884.63		
Σ					
辅助计算					

（6）闭合导线计算：

如图 2.5 为图根闭合导线，已知 1—2 边方位角 α_{12}＝(学号最后两位×3)°00′00″，1 点坐标为（x_1＝666.60m，y_1＝1888.80m），外业观测边长和角度如图 2.5 所示。计算闭合导线各点的坐标（表 2.11）。

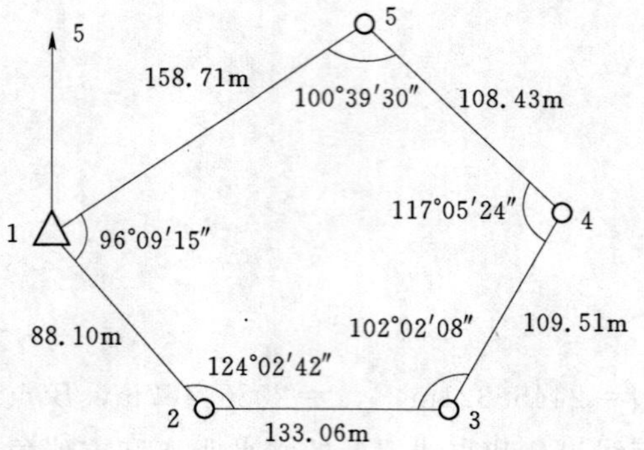

图 2.5　图根闭合导线

表 2.11　　　　**闭 合 导 线 计 算 表**

点名	改正数/(″) 观测角值 /(° ′ ″)	改正后 角值 /(° ′ ″)	方位角 /(° ′ ″)	边长 /m	改正数/mm 增量计算值/m		改正后的坐标 增量值/m		坐标/m	
					Δx_i	Δy_i	$\Delta x_{i改}$	$\Delta y_{i改}$	x	y
Σ								0		
辅助计算										

简述闭合导线的主要计算步骤：

(7) 附合导线坐标计算：

如图2.6所示为图根附合导线，已知起始边的方位角 $\alpha_{AB}=52°10'02''$，终边的方位角 $\alpha_{CD}=291°01'33''$，B、C 两点的坐标分别为 B（$x_B=864.22$m，$y_B=413.35$m），C（$x_C=898.21$m，$y_C=995.22$m）；$D_{B1}=297.26$m，$D_{12}=187.81$m，$D_{23}=93.40$m，$D_{3C}=150.64$m；外业观测的边长和角度数据如图所示。计算附合导线1、2、3点的坐标（表2.12）。

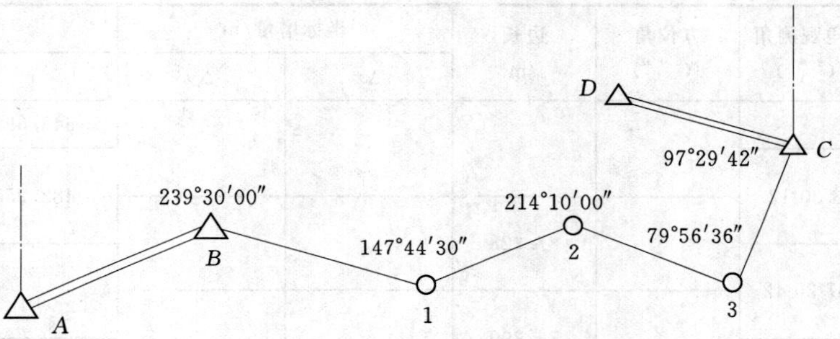

图2.6 图根附合导线

表2.12 **附合导线计算表**

点名	改正数/(″) 观测角值/(° ′ ″)	改正后角值/(° ′ ″)	方位角/(° ′ ″)	边长/m	改正数/mm 增量计算值/m		改正后的坐标增量值/m		坐标/m	
					Δx_i	Δy_i	$\Delta x_{i改}$	$\Delta y_{i改}$	x	y
Σ										
辅助计算										

简述附合导线的主要计算步骤：

(8) 支导线计算（表 2.13）：

表 2.13 支 导 线 计 算 表

点名	左角观测角 /(° ′ ″)	方位角 /(° ′ ″)	边长 /m	坐标增量/m		坐标/m	
				Δx	Δy	x	y
A						643.580	870.042
B	63 30 12					482.256	1044.321
			87.328				
T_1	137 20 42						
			76.399				
T_2	220 40 06						
			80.325				
T_3							
辅助计算							

(9) 前方交会计算：

根据前方交会示意图（图 2.7）和表 2.14 中已知数据，计算交会点 P 点的坐标。

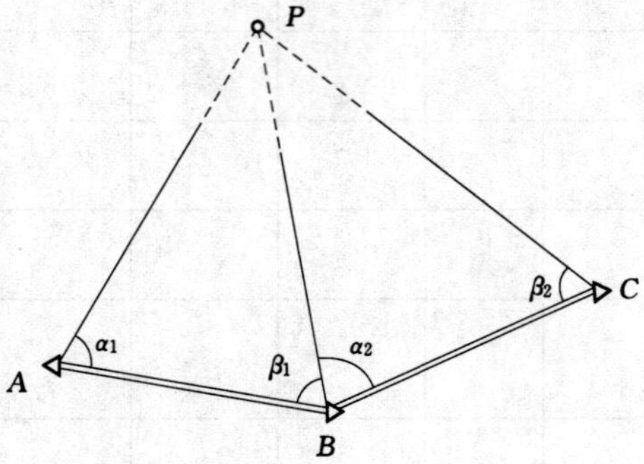

图 2.7 前方交会示意图

表 2.14 前方交会计算已知数据

点 名	x/m	y/m
A	1659.232	2355.537
B	1406.593	2654.051
C	1589.736	2987.304
观测角	α	β
1	69°11′04″	59°42′39″
2	51°15′22″	76°44′30″

任务2.6 地 形 图 的 测 绘

（1）完成经纬仪测绘法的计算（表2.15）。

表2.15 **经纬仪测绘法记录手簿**

日期______ 小组______ 仪器号______

测站点 *A* 后视点 *B* 后视方位角 60°30′30″ 仪器高 1.48m

测站点纵坐标 600.00 测站点横坐标 800.00 测站点高程 62.28m

测点	上丝/m	下丝/m	视距/m	中丝/m	水平度盘读数/(° ′ ″)	竖盘读数/(° ′ ″)	水平距离/m	高差/m	坐标增量/m		坐标/m		高程/m
									Δx	Δy	x	y	
1	1.383	1.021		1.201	30 25 12	86 42 24							
2	1.592	1.164		1.378	78 43 36	93 20 30							
3	1.446	0.834		1.140	135 22 30	87 20 12							
4	1.952	1.122		1.537	168 26 06	92 12 06							
5	1.764	1.255		1.509	195 16 18	93 54 18							
6	1.843	1.145		1.494	264 45 24	89 43 36							
7	1.643	1.135		1.389	294 34 30	86 45 42							
8	1.834	1.234		1.534	334 53 54	88 34 48							

（2）勾绘等高线。根据图2.8中的高程点，勾绘等高线，基本等高距为1m。

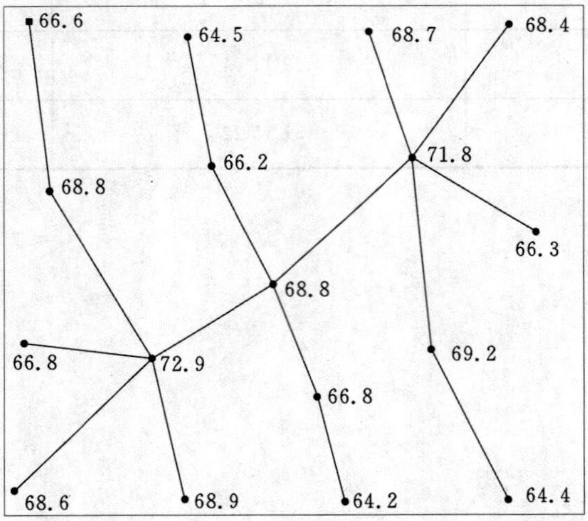

图2.8 等高线勾绘

任务2.7 地 形 图 的 应 用

(1) 在图2.9中完成下列工作：

1）在地形图上绘出山顶（△），鞍部的最低点（×），山脊线（—·—·—），山谷线（……）。

2）确定 A 点、B 点、C 点的高程。

3）确定 C 点到 B 点的平均坡度。

4）从 A 点到 B 点选一条坡度不大于3%的最短路线。

5）绘出直线 AB 的断面图，水平距离比例尺为1∶1000，高程比例尺为1∶100。

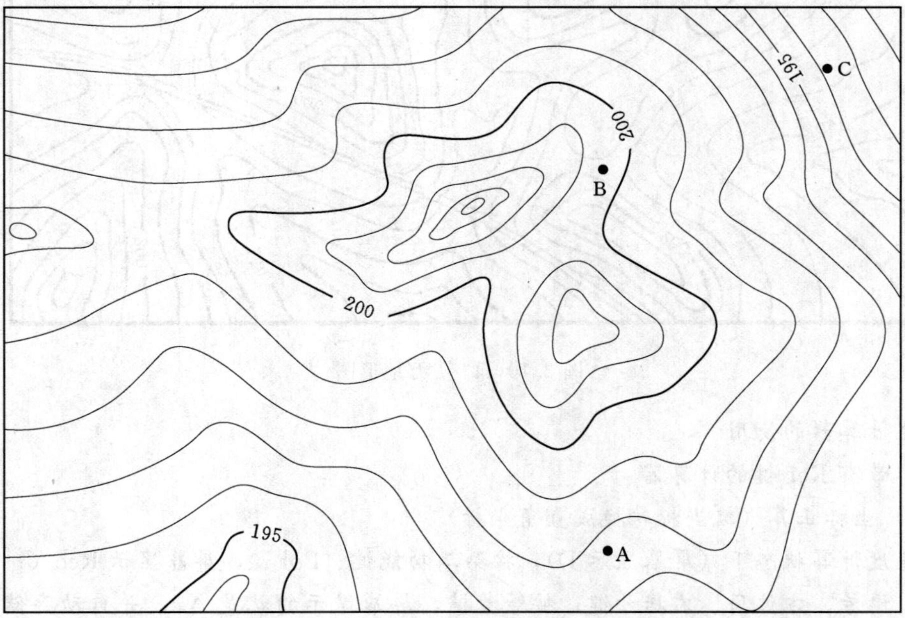

图2.9 1∶2000地形图

(2) 在以下1：1万的地形图（图2.10）上，绘出道路上桥涵A和桥涵B的汇水范围。

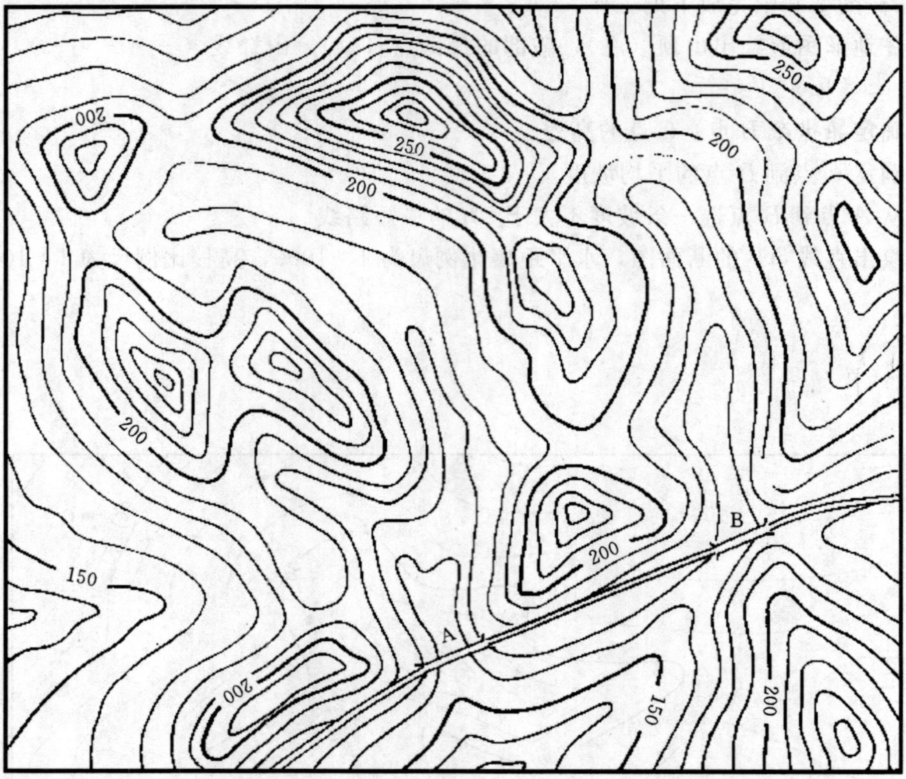

图2.10 1：1万地形图

附：学生计算器的使用

一、带有Rec键的计算器

（一）坐标正算（极坐标转换成直角坐标）

在角度计算状态下（屏幕显示D），按第二功能键、Pol键，屏幕显示Rec（；输入水平距离、逗号、方位角、右括号键；按等号键，屏幕显示的就是Δx，并自动存储在上档键为红色字体的E键中；Δy自动存储在上档键为红色字体的F键中，按提取键RCL、上档键为红色字体的F键，屏幕显示的就是Δy。

（二）坐标反算（直角坐标转换成极坐标）

在角度计算状态下（屏幕显示D），按Pol键，屏幕显示Pol（；输入Δx、逗号、Δy、右括号键；按等号键，屏幕显示的就是水平距离，并自动存储在上档键为红色字体的E键中；方位角自动存储在上档键为红色字体的F键中，按提取键RCL、上档键为红色字体的F键，屏幕显示有两种情况：其一：屏幕显示的值为正，其值就是方位角，如为十进制形式，再按° ′ ″键将其转换成六十进制；其二，屏幕显示的值为负，用360°将其加上就是方位角，如为十进制形式，再将其转换成六十进制。

二、带有 a、b 键的计算器

（一）坐标正算（极坐标转换成直角坐标）

在角度计算状态下（屏幕显示 D），输入水平距离，按 a 键；输入方位角（度后加点，按 DEG 键将其转换成十进制），按 b 键；按第二功能键、b 键，屏幕显示的就是 Δx；再按 b 键，屏幕显示的就是 Δy。

（二）坐标反算（直角坐标变换成极坐标）

在角度计算状态下（屏幕显示 D），输入 Δx，按 a 键；输入 Δy，按 b 键；按第二功能键、a 键，屏幕显示的就是水平距离；按 b 键，屏幕显示有两种情况：其一，屏幕显示的值为正，其值就是方位角十进制形式，按 DEG 键，将其转换成六十进制；其二，屏幕显示的值为负，用 360°将其加上就是方位角十进制形式，再将其转换成六十进制。

项目3 综合实训——大比例尺地形图测绘

【项目描述】

理论教学、单项实训、技能训练、综合实训是“地形测量”课程四个重要的教学环节。通过综合实训，培养学生综合运用基础理论、基本操作技能进行大比例尺地形图测绘的能力，提高其测绘专业能力，为从事测绘工作奠定基础。

任务3.1 大比例尺地形图测绘实训任务书

3.1.1 课程性质

（1）教学对象：测绘类专业。

（2）建议实习时间：3周。

3.1.2 实训目的与要求

3.1.2.1 实训目的

综合实训是“地形测量”课程教学的重要组成部分。通过实训，使学生掌握从地形控制测量到大比例尺地形绘图生产作业的全过程，使理论知识得到巩固和加强，并将理论知识和实际联系起来，将所学知识变成技巧、变成能力；通过实训，还可以加强学生的仪器操作技能，提高学生的动手能力，训练严谨的科学态度，培养学生运用知识发现问题、分析问题、解决问题的能力，为从事大比例尺地形图测绘工作打下坚实的基础。

3.1.2.2 实训要求

（1）熟悉水准仪、经纬仪的使用方法，掌握其检验方法；学会全站仪的基本使用技能。

（2）掌握水准测量、经纬仪导线测量的内外业工作。

（3）掌握地形平面控制测量的内外业工作，掌握地形高程控制测量的内外业工作，掌握控制点加密的内外业工作。

（4）掌握大比例尺地形图测绘工作的内外业工作，掌握地形和等高线的精度分析方法。

（5）培养学生热爱专业，关心集体，爱护仪器、工具，认真执行测量规范的良好职业道德；团结协作、艰苦奋斗的精神；认真负责、一丝不苟的工作态度；精益求精的工作作风；严谨的科学态度；以及遵守纪律、保护群众利益的社会公德。

3.1.3 实训仪器和工具

（1）高程控制测量：DS_3 水准仪、三脚架、水准尺、尺垫等。

（2）平面控制测量：全站仪、棱镜、DJ_6 经纬仪、三脚架、测钎、钢尺等。

（3）碎部测量：图板、聚酯薄膜绘图纸、坐标展点器或量角器、DJ_6 经纬仪、三脚架、测钎等。

（4）记录计算：水准测量记录本、测回法记录本、碎部测量记录本、2H 铅笔等。

（5）其他：地形图图式、实训报告纸等。

3.1.4　实训组织方式

实习期间的组织工作应由辅导教师负责，每班应配备两名辅导教师。实习按小组进行，每组 5～6 人，选组长一人，负责组内实习分工和仪器管理。组员在组长的统一安排下，分工协作，搞好实习。分配任务时，应使每项工作都由组员轮流担任，不要单纯追求进度。

3.1.5　实训主要内容

（1）技术设计。

（2）踏勘选点。

（3）平面控制测量。

（4）高程控制测量。

（5）控制点加密。

（6）地形图测绘。

（7）地形图的检查、整饰、拼接与验收。

（8）撰写实习报告（技术总结）。

3.1.6　实训时间安排

实训时间安排见表 3.1。

表 3.1　　实训时间分配表

项目名称	时间/天	备注
准备工作、踏勘选点、技术设计	1	包括实训动员，实训任务布置，实训主要内容讲解
平面控制测量	4	全站仪导线测量内外业工作
高程控制测量	4	四等水准测量或全站仪高程导线测量内外业工作
地形图测绘	6	经纬仪测图，边测边绘，休息时间整饰图幅
地形图的检查与验收	2	包括内业检查与外业检查
撰写实习报告（技术总结）	2	
成绩考核、技能竞赛	2	操作考试和理论考试相结合，经纬仪安置竞赛
合计	21	

3.1.7　实训注意事项

（1）实训前，必须阅读《地形测量》课本的有关内容，以及本《地形测量实训》相应项目的任务书与指导书；实训时，必须携带本书，以便随时翻阅、参考；实训后，认真编写实训技术总结或实训报告。

（2）实训分小组进行，组长负责办理所用仪器和工具的借领与归还手续，并负责仪器的保管与维护；借用仪器时，按实训任务的仪器工具清单当场清点，检查实物与清单是否相符，器件是否完好、齐全，对仪器工具进行一般检视，无问题后将仪器领出。

（3）必须遵守实训室测量仪器工具的借用规定，按时借还仪器；实训过程中，时刻注意保护好仪器工具，严禁坐仪器箱、图板套等，严禁踩踏水准尺、图板等工具，养成规范使用仪器工具的良好工作习惯和爱护仪器工具的美好社会公德；仪器工具出现问题及时与指导教师或实训室教师联系，严禁擅自拆卸仪器；听从教师的指导，对于仪器工具因使用不当造成损坏或丢失，应照价赔偿。实训要求认真、按时、独立地完成任务。

（4）实训应在指定的场地、按规定的路线和区域进行，不得擅自改变；实训应在规定的时间内进行，不得无故缺席或迟到、早退，保证按时完成实训任务。

（5）实训过程中的观测应按规范或实训任务书的要求进行，保证观测的规范性与正确性；记录采用2H或3H铅笔，用正楷书写文字及数字，字迹要工整清晰，记录位置要准确规范，记录项目要齐全，并养成复述的良好习惯，防止出现错误。

（6）记录过程中，记录数字中若发现度、分、米、分米位有错误，不得涂改，也不得用橡皮擦拭，而应该用细横线划去错误数字，在原数字上方写出正确数字；秒及厘米、毫米部分有错，不得更改，须将整个读数划掉重测；整个记录手簿中不得出现连环涂改现象。

（7）若一测回或整站观测成果不合格（观测误差超限），则用细斜线划去该栏记录数字，并在备注栏内说明原因，然后重测。

（8）观测结果应在现场及时进行计算，并进行必要的成果检验，以决定观测成果是否合格，是否需要进行重测。

（9）实训外业结束后及时归还仪器工具，仪器工具如有遗失或损坏，应写出书面报告说明情况，进行登记，并按有关规定赔偿。

（10）实训结束后应及时提交有关成果。

3.1.8　成绩评定

实训成绩综合小组成绩和个人成绩、按优、良、中、及格、不及格五个等级评定。

3.1.8.1　小组成绩的评定标准

（1）观测、记录、计算准确，图面整洁清晰，按时完成任务等。

（2）遵守纪律，爱护仪器，组内外团结协作等。

（3）组内能展开讨论，及时发现问题、研究问题并解决问题等。

3.1.8.2　个人成绩的评定标准

（1）能熟练按操作规程进行外业操作和内业计算。

（2）记录做到整洁、美观、规范。

（3）计算正确，结果不超限。

（4）遵守纪律，爱护仪器，劳动态度好。

（5）出勤情况：缺勤一天不能得优，缺勤两天不能得良，缺勤三天不能得中，缺勤四天不及格。

（6）实训报告整洁清晰，项目齐全，成果正确。

（7）考试成绩包括实际操作考试和理论计算考试。

（8）实训中发生吵架事件，损坏仪器、工具及其他公物，未交实训报告，伪造数据，丢失成果资料等，均作不及格处理。

3.1.9　技术要求

技术要求按《城市测量规范》（CJJ 8—99）、《1∶500 1∶1000 1∶2000 地形图图式》（GB/T 20257.1—2007）、《测绘技术总结编写规定》（CH/T 1001—2005）、《测绘技术设计规定》（CH/T 1004—2005）等规定执行。一般规定如下：

（1）大比例尺地形图测绘综合实训采用全站仪导线测量进行平面控制测量，采用四等水准测量或全站仪高程导线进行高程控制测量，采用经纬仪测绘法进行碎部测量，采用手工绘图方法绘图。

（2）实习指导教师统一选定坐标系统和高程系统。坐标系统和高程系统尽量采用国家坐标系统和国家高程系统，也可以采用假定坐标系统和假定高程系统。

（3）地形图图幅应按正方形分幅，规格为 50cm×50cm；图号编号按图廓西南角坐标公里数编号，x 坐标在前，y 坐标在后，中间用短线连接。

（4）地形类别按以下情况划分：

平地：绝大部分地面坡度在 2°以下。

丘陵地：绝大部分地面坡度在 2°～6°（不含 6°）之间。

山地：绝大部分地面坡度在 6°～25°之间。

高山地：绝大部分地面坡度在 25°以上。

（5）实习指导教师根据任务和地形情况统一确定测图比例尺和地形图基本等高距，比例尺可选为 1∶500 或 1∶1000，基本等高距根据地形类别和用途的需要，按表 3.2 规定确定。

表 3.2　　**基 本 等 高 距**　　单位：m

基本等高距	平　地	丘　陵	山　地	高 山 地
1∶500	0.5	1.0 (0.5)	1.0	1.0
1∶1000	0.5 (1.0)	1.0	1.0	2.0

注　括号内的等高距依用图需要选用。

（6）图上碎部点一般要求在 2～3cm 之间，碎部点的最大视距和城市建筑区的最大视距均应符合表 3.3 的规定。高程注记点的密度为 100cm² 内 5～20 个，一般选择明显地物点或地形特征点。

表 3.3　　**碎部点的最大间距和最大视距**

测图比例尺	地貌点最大间距/m	最 大 视 距/m			
		主要地物点		次要地物点和地貌点	
		一般地区	城市建筑区	一般地区	城市建筑区
1∶500	15	60	50	100	70
1∶1000	30	100	80	150	120
1∶2000	50	180	120	250	200
1∶5000	100	300	—	350	—

（7）地形图上地物点相对于邻近图根点的位置中误差以及邻近地物点间的距离中误差

不大于表3.4的规定。高程注记点相对于邻近图根点的高程中误差不应大于相应比例尺地形图基本等高距的1/3，困难地区放宽0.5倍。等高线内插求点相对于邻近图根点的高程中误差，平地不应大于基本等高距的1/3，丘陵地不应大于基本等高距的1/2，山地不应大于基本等高距的2/3，高山地不应大于基本等高距。

表3.4　图上地物点的点位中误差和等高线的高程中误差

图上地物点的点位中误差/mm		等高线内插求点的高程中误差/mm			
一般地区	居民区、工业区	平坦地	丘陵地	山地	高山地
0.8	0.6	$d/3$	$d/2$	$2d/3$	$1d$

注　d为等高距。

（8）地形图符号及注记按《1∶500 1∶1000 1∶2000地形图图式》（GB/T 20257.1—2007）的规定执行。对图式中没有规定的地物、地貌符号，由实习指导教师统一规定，不得自行设计使用。

3.1.10　实训成果

每个实习小组应交下列成果：

（1）经过严格检查的各种观测手簿。

（2）整饰合格的地形图。

每人应交下列成果：

（1）控制网的选点草图。

（2）导线计算表。

（3）水准测量计算表。

（4）控制点成果表。

（5）实训报告（技术总结、个人总结）。

任务 3.2　大比例尺地形图测绘实训指导书

3.2.1　技术设计书的编写

在明确任务、了解测区、广泛收集资料的情况下，进行技术设计书的编写。

3.2.1.1　任务概述

说明任务名称、来源、作业区范围、地理位置、行政隶属、测图比例尺、拟采用的技术依据、要求达到的主要精度指标和质量要求、计划开工期及完成期等。

3.2.1.2　测区概况

重点介绍测区的社会、自然、地理、经济、人文等方面的基本情况。

3.2.1.3　已有资料利用情况

需对以上既有成果情况加以说明，包括其等级、精度。

3.2.1.4　作业依据

说明测图作业所依据的规范、图式及有关的技术资料。

3.2.1.5　控制测量方案

控制测量方案包括平面控制测量方案和高程控制测量方案。

3.2.1.6　测图方案

首先介绍测图比例尺、基本等高距、地形图采用的分幅与编号方法、图幅大小等，并绘制整个测区的地形图分幅编号图；再介绍采用的测图方法；最后绘图方法。

3.2.1.7　检查验收方案

检查验收方案应重点说明地形图的检测方法、实地检测工作量与要求；中间工序检查的方法与要求；自检、互检、组检方法与要求；各级各类检查结果的处理意见等。

3.2.1.8　应提交的资料

技术设计书中应列出需要提交的所有资料的清单，并编制成表。

3.2.1.9　建议与措施

技术设计书中不仅就如何组织力量、提高效益、保证质量等方面提出建议，而且要充分、全面、合理预见工程实施过程中可能遇到的技术难题、组织漏洞和各种突发事件等，并有针对性地制定处理预案，提出切实可行的解决方法。

由于学生第一次进行专业实训，建议技术设计书由教师编写。

3.2.2　踏勘选点

选点前应收集测区原有地形图和控制点等资料，按测区实际情况确定平面和高程控制测量方案，拟订点位的初步布设方案。平面控制测量采用导线测量，根据测区范围、已知点分布和地形情况等拟订导线布设的初步方案，然后到实地确定导线点位置。高程控制测量按照测区实际情况选择高程控制网形式，通常选择单一水准路线、采用四等水准测量方法施测，并且使水准点和导线点公用；也可采用全站仪高程导线测量。

选点时应该注意以下几点：

（1）点位视野开阔，便于进行碎部测量；土质坚实，便于安置仪器和保存标志。

（2）相邻点间通视良好，地势平坦，方便测角和量距。

（3）相邻导线边应大致相等，以免测角时因望远镜调焦幅度过大引起测角误差。

（4）导线点的数量应满足密度要求，分布较均匀，便于控制整个测区（表3.5）。

（5）导线平均边长、导线总长应符合有关技术要求（表3.5）。

表3.5　　图根导线边长及密度要求

测图比例尺	平均边长/m	边长总和/m	每平方千米图根点数/个	每幅图图根点数/个
1∶500	75	900	150	8～10
1∶1000	110	1800	50	12～14

若导线点为临时点，若点位处于土质地面，则只需在点位上打一个木桩，桩顶面钉上一个小钉，小钉的几何中心即为点位；若点位在水泥路面上，则在点位上钉一个水泥钉即可。需长期保存的导线点，应埋设混凝土标石，标石中心钢筋顶面应有十字线，十字交点即点位。

选点后，对所选点位统一编号并绘制点位略图。

3.2.3 平面控制测量

3.2.3.1 实训前的准备工作

准备实训资料，领取仪器工具、记录手簿和计算表格。

3.2.3.2 经纬仪的检验校正

1. 照准部水准管的检验校正

（1）将仪器安置于一点，转动仪器，使照准部水准管平行于一对脚螺旋，转动脚螺旋使气泡居中。

（2）打开水平制动螺旋，使照准部水准管旋转180°，如气泡居中说明条件满足，否则就需要校正。

（3）旋转两个脚螺旋，使气泡向中央移动偏移格数的一半。

（4）用校正针拨动水准管一端的校正螺旋（抬高或放低），使气泡居中。

此项检验校正需反复进行，直至水准管转到任何位置气泡都能居中。

2. 十字丝竖丝的检验校正

检验：整平仪器后，用十字丝竖丝上端照准一个固定点，旋紧制动螺旋，转动望远镜微动螺旋，使望远镜上下转动，如固定点始终不离开竖丝，说明条件满足（或者利用竖丝照准一垂线，如竖丝与垂线重合，说明条件满足），否则就需要校正。

校正：打开目镜护罩，松开四个十字丝校正螺丝，转动十字丝环，使竖丝再转到固定点上（或使竖丝与垂线重合），拧紧校正螺丝。

3. 视准轴的检验校正

（1）安置经纬仪于一点，整平后用望远镜盘左位置照准远方30m与仪器同高的一点A，读取水平度盘读数$a_{左}$。

（2）倒转望远镜，以盘右位置照准目标A点，同前读数设为$a_{右}$，若$a_{左}=a_{右}\pm180°$，则条件满足，否则就需要校正。

（3）计算正确盘左、盘右读数的平均值$a=(a_{左}+a_{右}\pm180°)/2$。

（4）在盘右位置转动水平微动螺旋，使水平度盘读数$a_{右}=a$，此时十字丝环中心偏离

A 点。

（5）拨动十字丝环左、右两个校正螺旋（松一个、紧一个），移动十字丝环，使十字丝环中心对准目像 A 点为止。

4. 横轴的检验校正

（1）安置仪器，使其距离墙壁 20～30m。

（2）打开望远镜制动螺旋，用望远镜照准墙壁高处一固定点 P，下旋望远镜到大致水平位置，在墙壁贴纸处标出十字丝中心照准的点位 M_1。

（3）倒转望远镜，再照准高处 P 点之后，下旋望远镜到大致水平位置，同前在墙上标出另一点 M_2，若 M_1 与 M_2 重合，说明此项条件是满足的，否则就需要校正。

（4）校正：在墙上取 M_1、M_2 的中点为 M，转动使望远镜十字丝中点对准 M 点后，上旋望远镜至 P 点，此时十字丝中心将不对准 P 点，打开支架封盖，转动偏心轴承固定螺旋即抬高或降低望远镜横轴的一端，使十字丝中心对准 P 点。

光学经纬仪的横轴是密封的，仪器没有受到很大震动，一般能保证横轴与竖轴的垂直关系。如需校正，最好由专业检修人员进行。

5. 竖盘指标差的检验

（1）用盘左位置照准高处目标 P 点位置，转动望远镜水准管微动螺旋，使竖盘水准管气泡居中，读数为 L。

（2）用盘右位置，同样方法读数为 R，若 $x=(L+R-360°)/2\leqslant\pm30''$，说明条件满足，否则就需要校正。

（3）盘右位置照准原目标，用校正针拨动水准管上、下校正螺丝，使气泡居中。此项检校反复进行直至 $x\leqslant\pm30''$。

6. 光学对中器的检验校正

检验：在三脚架上装置经纬仪，在地面上铺以白纸，在纸上标出视线的位置，然后将照准部旋转 180°，如果视线仍在原来的位置，则上述关系满足，否则需要校正。

校正：校正时先在白纸上标定出两点的中点，然后打开对中器护盖，调整对中器的直角棱镜或对中器的分划板，使对中器对准中点，此项检校也应反复进行直到条件满足。

3.2.3.3　磁方位角或连接角测量

独立测区可采用磁方位角定向，采用罗盘仪测定导线起始边的磁方位角；如果测区附近有已知边，导线起始边与已知边采用支导线的形式连接，连接角采用测回法观测两个测回；也可假定导线起始边的方位角。

3.2.3.4　转折角观测

采用测回法观测两个测回，沿逆时针方向观测导线前进方向的左角。

1. 测回法观测步骤

（1）测站点安置仪器，对中整平，目标点上竖立觇标（如测钎）。

（2）盘左照准左侧目标，配盘，使水平度盘读数稍大于 0°00′，弹出水平度盘变换手轮，精确照准目标，读取起始读数并记入手簿；松开制动螺旋，顺时针转动照准部，照准右侧目标，读数并记入手簿，称为上半测回。

（3）倒转望远镜，盘右照准右侧目标，读数并记入手簿；松开制动螺旋，逆时针转动照准部，照准左侧目标，读数并记入手簿，称为下半测回。

（4）进行第一测回计算，半测回差应满足要求。

（5）第一测回完成后，检查水准管气泡是否偏离；若气泡偏离值大于1分划格，需重新整平仪器再进行第二测回观测。第二测回开始前，水平度盘读数设置稍大于90°00′，再重复第一测回的各步骤，测回差应满足要求。

2. 测回法限差要求

半测回差≤±36″，测回差≤±24″，对中限差≤3mm，整平限差应保证水准管气泡不偏离1分划格。

3. 注意事项

（1）DJ_6 经纬仪读数秒数应为6的倍数，分和秒必须记录两位数，如6″记录为06″。

（2）一测回只能在上半测回开始之前配盘一次，配置好读数务必弹出水平度盘变换手轮。

（3）对中整平要到位，观测过程中出现气泡偏离1分划格以上，应重新整平，重新观测；气泡偏离1分划格以内，可不重新整平，若重新整平，必须在两个测回之间进行。

（4）观测过程中一定要用十字丝交点照准测钎尖部，并且每次尽量照准目标同一位置。

3.2.3.5 边长测量

边长测量采用钢尺丈量的方法，也可用全站仪测量。

钢尺丈量可以采用单程两次丈量或往返丈量，相对误差≤1/2000。单程两次丈量时，不同的起始数据丈量两次，两次观测值互差≤3mm。

采用全站仪测量，导线的边长双向观测，每个单向施测一测回，即盘左盘右分别进行观测，直接测记水平距离，读数较差和往返测较差均不宜超过20mm。

3.2.3.6 导线内业数据处理

按导线计算方法计算每个导线点的坐标。

图根导线角度闭合差限差：$f_{\beta_{允}}=\pm 60''\sqrt{n}$（$n$ 为闭合导线内角个数）。

图根导线全长相对闭合差限差：$K\leqslant 1/2000$。

3.2.4 高程控制测量

3.2.4.1 实训前的准备工作

实训动员，准备实训资料，领取仪器工具、记录手簿和计算表格。

3.2.4.2 水准仪的检验校正

1. 圆水准器的检验校正

检验：安置水准仪，旋转脚螺旋使圆水准器气泡居中，然后将仪器上部在水平方向绕竖轴旋转180°，若气泡仍居中，则表示圆水准器轴已平行于竖轴，若气泡偏离中央则需进行校正。

校正：旋转脚螺旋，使气泡向中央方向移动偏离量的一半，然后拨动圆水准器的校正螺旋使气泡居中。由于一次拨动不易使圆水准器校正得很完善，所以需重复上述的检验和校正，使仪器上部旋转到任何位置气泡都能居中为止。

2. 望远镜十字丝横丝的检验与校正

检验：先用横丝的一端照准一固定的目标或在水准尺上读一读数，然后用微动螺旋转动望远镜，用横丝的另一端观测同一目标或读数，如果目标仍在横丝上或水准尺上读数不变，说明横丝已与竖轴垂直；若目标偏离了横丝或水准尺读数有变化，则说明横丝与竖轴没有垂直，应予校正。

校正：打开十字丝分划板的护罩，可见到三个或四个分划板的固定螺丝，松开这些固定螺丝，用手转动十字丝分划板座，反复试验使横丝的两端都能与目标重合或使横丝两端所得水准尺读数相同，则校正完成；最后旋紧所有固定螺丝。

3. 水准管的检验与校正

(1) 地面上相距 80m 选定 A、B 两点，各打一桩（或稳固放尺垫），在 A、B 两点 40m 的中点安置仪器。

(2) 在 A、B 两点立水准尺，水准仪以 A 点为后视，读数为 a_1，以 B 点为前视，读数为 b_1。

(3) 计算 $h_1=a_1-b_1$，为了确保高差正确，保持仪器在中点位置不变，改变仪器高再读得 a_2、b_2，计算得 h_2，若 h_1 与 h_2 之差不大于 3mm，则计算 $h_{正}=(h_1+h_2)/2$ 为正确高差。

(4) 将仪器移至距 A 点 3m 处，分别读取 a_3、b_3'，计算前视应有读数 b_3（$b_3=a_3-h_{正}$），若 $\Delta=b_3'-b_3\leqslant\pm3$mm 或 $i=(\Delta/D_{AB})\rho\leqslant\pm20''$，则符合要求，否则需校正。（$\Delta$ 为远距读数差，D_{AB} 为 AB 间距离，$\rho=206265''$。）

(5) 转动微倾螺旋，使远尺读数 b_3' 等于 b_3，此时视线水平，水准管轴不水平。

(6) 利用校正针拨动校正螺旋，使符合气泡吻合。

此项检校应反复进行，直至 $i\leqslant\pm20''$ 为止。

3.2.4.3 四等水准测量

1. 测站观测顺序

测站观测顺序应采用“后—后—前—前”（“黑—红—黑—红”）。

2. 四等水准测量测站技术要求

(1) 最低视线（下丝）高度保证三丝能读数，视线长度≤100m。

(2) 前、后视距差不得超过±3m，视距累积差不得超过±10m。

(3) 同一把水准尺黑红面读数差（即 K+黑−红）不得超过±3mm。

(4) 同一测站黑红面高差之差不得超过±5mm。

3. 水准路线技术要求（表 3.6）

表 3.6 水准路线技术要求

等级	每千米高差中误差/mm	路线长度/m	水准仪型号	水准尺	观测次数		往返较差、附合或环线闭合差	
					与已知点联测	附合或环线	平地/mm	山地/mm
四等	10	≤16	DS_3	双面	往返各一次	往一次	$\pm20\sqrt{L}$	$\pm6\sqrt{n}$
等外	15	—	DS_3	双面	往返各一次	往一次	$\pm40\sqrt{L}$	$\pm12\sqrt{n}$

4. 四等水准测量注意事项

（1）读数时应按观测顺序读取，记录员要复述，以避免读记错误。

（2）记录计算程序要清晰，区分清前、后尺尺常数。

（3）各站各项限差均符合要求后方可搬站，否则应重测。

（4）仪器未搬站时，后视尺不得移动；仪器搬站时，前视尺不得移动。

（5）记录要做到美观大方，字体规范，字迹清晰，严禁用橡皮擦拭，不得连环涂改。

（6）水准记录每个读数的前两位如有错记现象，则可用横线划掉，在其上方填写正确数字，每个读数的后两位决不允许改动，否则被认为是篡改或伪造数据。

（7）记录字体的大小应为格宽的2/3，字体应为正楷体，应用2H铅笔填写。

5. 四等水准路线计算

按水准路线计算方法，计算出所有水准点的高程。

3.2.4.4　全站仪高程导线

高程导线可采用每点设站或隔点设站的方法施测。隔点设站时，每站应变换仪器高度并观测两次，前后视线长度之差不应大于100m。

采用高程导线测定的高程控制点或其他固定点的高差，应进行正常水准面不平行改正，计算方法应符合现行国家标准《国家三、四等水准测量规范》（GB/T 12898—2009）的规定。

高程导线测量的限差应符合表3.7的规定，当测量结果超出规定时，应进行重测和取舍。现行国家标准《城市测量规范》（CJJ/T 1330—2001）中规定如下。

表3.7　**高程导线测量的限差**　单位：mm

观测方法	两测站对向观测高差不符值	两照准点间两次观测高差不符值	附合路线或环路线闭合差		检测已测测段高差之差
			平原、丘陵	山区	
每点设站	$\pm 45\sqrt{D}$		$\pm 20\sqrt{L}$	$\pm 25\sqrt{L}$	$\pm 30\sqrt{L_i}$
隔点设站		$\pm 14\sqrt{D}$			

注　D—测距边长度，km；L—附合路线或环线长度，km；L_i—检测测段长度，km。

3.2.5　控制点加密

地形测图时，应充分利用图根控制点设站测绘碎部点，若因视距限制或通视影响，在图根点上不能完全测出周围的地物和地貌时，可以采用测边交会、测角交会等方法增设测站点，也可以采用经纬仪支距法增设测站点。

经纬仪支距法简便易行，操作步骤为：

（1）将经纬仪安置在某一个控制点上，对中、整平、定向。

（2）测出已知方向与所选加密控制点方向之间的水平角β或照准方向的方位角，用视距法测出测站点与所选点位间的水平距离和高差，计算出加密控制点的坐标和高程。

（3）将此点作为图根点使用。

3.2.6　地形图测绘

3.2.6.1　实训前的准备工作

（1）领取仪器工具、记录手簿，准备控制点成果表。

(2) 准备图板、聚酯薄膜绘图纸，将图纸粘贴在图板上。

(3) 展绘控制点：

1) 在毫米方格纸上按比例尺展绘出各控制点。

2) 划分图幅，确定出各图幅的西南角坐标。

3) 按地形图图式的要求将控制点展绘在聚酯薄膜绘图纸上。各控制点展绘好后，可用比例尺或坐标展点器在图上量取各相邻控制点之间的距离，与已知的边长进行比较，其最大误差在图纸上不得超过 0.3mm，否则应重新展绘。

3.2.6.2　地形图测绘

1. 安置仪器

测站点上安置仪器，对中整平，量取仪器高 i（精确至厘米），定向点竖立觇标。

2. 安置图板

图板安置在测站点附近，视不同的展点方法做好准备工作。

3. 经纬仪定向

视不同的展点方法，配置水平度盘读数为 $0°00'00''$ 或定向方向的方位角。

4. 碎部点测量

待测地形点上竖立视距尺，经纬仪照准视距尺，采用视距测量的任何一种方法进行观测，并读取水平度盘读数。

5. 测站计算

视不同的展点方法，计算出水平距离、高差、高程以及平面坐标。

6. 展绘碎部点

视不同的展点方法，采用相应的展点工具展绘碎部点，并在点位右侧注记高程。

7. 地形图绘制

将地物点按地物形状连接起来，根据地貌点勾绘等高线。

3.2.6.3　碎部测量注意事项

(1) 仪器对中误差≤0.05mm 图上距离。

(2) 在碎部测量过程中，每完成一测站后，应重新照准定向方向，检查经纬仪定向有无错误，定向误差不超过 $4'$。

(3) 采用经纬仪测图时，碎部点的最大视距长度，1∶500 的测图不得超过 75m。

(4) 测图中，立尺点的多少，应根据测区内地物、地貌的情况而定。原则上，要求以最少数量的、确实起着控制地形作用的特征点来准确而精细地描绘出地物地貌，因此，立尺点应选在地物轮廓的起点、终点、弯曲点、交叉点、转折点上及地貌的山顶、山脊、山谷、鞍部、倾斜变换和方向变换的地方。一般图上每隔 2～3cm 要有一个地形点，尽量布置均匀。

(5) 碎部点高程，对于山地注记至 0.1m，对于平地注记至 0.01m，等高距的大小应按地形情况和用图需要来确定。

(6) 按要求测出测区内所有地物、地貌，并按地形图图式绘出。地形图上所有线划、符号和注记，均应在现场完成，做到边测、边算、边展、边绘。

3.2.6.4　地形图测绘内容及取舍

地形图应表示测量控制点、居民地和垣栅、工矿建（构）筑物及其他设施、交通及附属设施、管线及附属设施、水系及附属设施、境界、地貌和土质、植被等各项地物地貌要素，以及地理名称注记等。

地物、地貌各要素的表示方法和取舍原则，除应按现行国家标准《1∶500 1∶1000 1∶2000 地形图图式》（GB/T 20257.1—2007）执行外，还应符合下列规定。

1. 控制点的测绘

各级测量控制点是测绘地形图的主要依据，在图上按图示规定符号精确表示。

2. 居民地和垣栅的测绘

居民地的各类建筑物、构筑物及主要附属设施应准确测绘实地外围轮廓，如实反映建筑结构特征。房屋以墙基外角为准，正确测绘出轮廓线，并注记建筑材料和性质分类，注记楼房层数。1∶500、1∶1000 测图房屋应逐个表示，临时性建筑物可舍去。建筑物、构筑物轮廓凸凹在图上小于 0.4mm 时可用直线连接。

依比例尺表示垣栅，准确测出基部轮廓并配置相应的符号，围墙、栏杆、栅栏等可根据其永久性、规整性、重要性等综合考虑取舍。不以比例尺的垣栅测绘出定位点、线并配置相应的符号。

3. 工矿建（构）筑物及其他设施的测绘

工矿建（构）筑物及其他设施包括矿山工业、农业、文教、卫生、体育设施和公共设施等，地形图上应正确表示其位置、形状和性质特征。以比例尺表示的应准确测出轮廓，配置相应的符号并加注文字说明；不以比例尺表示的设施应准确测定定位点、定位线的位置，用不依比例符号表示，并加注文字说明。

凡具有判定方位、确定位置、指示目标作用的设施应测注高程点，如烟囱、打谷场、水文站、岗亭、纪念碑、钟楼、寺庙、地下建筑物的出入口等。

4. 交通及附属设施的测绘

图上应准确反映陆地道路的类别和等级、附属设施的结构和关系，正确处理道路的相关关系及与其他要素的关系。

公路与其他双线道路在图上均应按实宽依比例尺表示，公路应在图上每隔 15～20cm 注出公路等级代码。车站及附属建筑物、隧道、桥涵、路堑、路堤、里程碑等均需表示。在道路稠密地区，次要的人行道可适当取舍。铁路轨顶（曲线要取内轨顶）、公路中心及交叉处、桥面等应测取高程注记点，隧道、涵洞应测注底面高程。

公路、街道按其铺面材料分为水泥、沥青、砾石、碎石和土路等，应分别以“砼”“沥”“砾”“渣”“土”等注记于图中路面上。

路堤、路堑应按实地宽度绘出边界，并应在其坡顶、坡脚适当测记高程。

道路通过居民地不宜中断，按真实位置绘出。

城区道路以路沿线测出街道边沿线，无路沿线的按自然形成的边线表示。街道中的安全岛、绿化带及街心花园应绘出。

道路、街道的中心处、交叉处、转折处图上每隔 10～15cm 及路面坡度变化处应测注高程点。

5. 管线及附属设施的测绘

正确测绘管线的实地定位点和走向特征，正确表示管线类别。

永久性电力线、通信线均应准确表示，电杆、电线架、铁塔位置均应实测。多种线路在同一杆线上，只表示主要的。电力线应区分高压线（输电线）和低压线（配电线）。城市建筑区内电力线、通信线可不连线，但应在杆架处绘出连线方向。

地面和架空的管线均应表示，分别用相应符号表示并注记其类别。地下管线根据用途需要决定表示与否，检修井宜测绘表示。管道附属设施均应实测位置。

6. 水系及附属设施的测绘

江、河、湖、海、水库、运河、池塘、沟渠、泉、井及附属设施等均应测绘，有名称的加注名称。海岸线以平均大潮高潮所形成实际痕迹线为准，河流、湖泊、池塘、水库、塘等水涯线一般按测图时的水位为准，当水涯线在图上投影距离小于 1mm 时以陡崖线符号表示。河流在图上宽度小于 0.5mm 的、沟渠宽度小于 1mm 的用单线表示。表示出固定水流方向及潮流向。水深和等深线按用图需要表示。水渠应测注渠顶边和渠底高程；池塘应测注塘顶边及塘底高程；时令河应测注河床高程；堤、坝应测注顶部及坡脚高程。河流交叉处、泉、井等要测注高程，瀑布、跌水测注比高。

7. 境界的测绘

正确表示境界的类别、等级、准确位置以及与其他要素的关系。县级以上行政区划界应表示，乡、镇和乡级以上国营农林牧场以及自然保护区界线按用图需要表示。两级以上境界重合时，只绘高级境界符号，但需同时注出各级名称。

8. 地貌和土质的测绘

自然形态的地貌宜用等高线表示，崩塌残蚀地貌、坡、坎和其他特殊地貌应用相应符号或用等高线配合符号表示。各种天然形成和人工修筑的坡、坎，其坡度在 70°以上时表示为陡坎，70°以下表示为斜坡。斜坡在图上投影宽度小于 2mm 时宜表示为陡坎并测注比高，当比高小于 1/2 等高距时，可不表示。梯田坎坡顶及坡脚，在图上投影大于 2mm 以上时实测坡脚，小于 2mm 时测注比高，当比高小于 1/2 等高距时，可不表示。梯田坎较密时，若两坎间距在图上小于 10mm，可适当取舍。断崖应沿其边沿以相应的符号测绘于图上。冲沟和雨裂视其宽度，按图式在图上分别以单线、双线或陡壁冲沟符号绘出。居民地可不绘等高线，但高程注记点应能显示坡度变化特征。

各种土质按图式规定的相应符号表示。应注意区分沼泽地、沙地、岩石地、露岩地、龟裂地、盐碱地。

9. 植被的测绘

地形图上应正确反映出植被的类别特征和分布范围。耕地、园地应实测其范围并配置相应的符号。在同一地段内生长多种植物时，图上配置符号（包括土质）不超过三种。耕地需区分稻田、旱地、菜地及水生经济作物地。园地类别应以树种和作物名称区分并配置相应的符号，有方位和纪念意义的独立树要表示。田埂宽度在图上大于 1mm 以上用双线表示，小于 1mm 用单线表示。田角、田埂、耕地、园地、林地、草地均需测注高程。

10. 独立地物

独立地物是判定方位、指示目标、确定位置的重要依据，必须准确测定其位置。图上地物轮廓大于符号尺寸的，均以比例符号表示并加绘符号；小于符号尺寸的，用非比例符号表示并测注高程。有的独立地物应加注其性质。

11. 注记

地形图上应对各种名称、说明注记和数字注记准确注出。图上所有居民地、道路、城市、工矿企业、山岭、河流、湖泊、交通等地理名称均应进行调查核实，正确注记。注记使用的字体、字级、字向、字序形式按《1：500 1：1000 1：2000 地形图图式》（GB/T 20257.1—2007）执行。

3.2.7 地形图的检查、整饰、拼接与验收

3.2.7.1 地形图的检查

碎部测量完成之后，要进行检查工作，为保证成图精度，每个小组要进行室内和室外两部分检查。

1. 室内检查内容

图根点的密度是否满足要求，外业、内业数据是否正确，原图上地物和地貌是否清晰、易读，地物符号是否正确等。

2. 室外检查

（1）仪器检查。选一些明显的地物、地貌点，再次测得它到控制点的距离及其高程，计算较差，算出点位中误差和高程中误差，判断精度是否符合要求。图上地物点的点位中误差和等高线的高程中误差见表3.8。

$$m_{点}=\pm\sqrt{\frac{\Delta_D\Delta_D}{2n}},\qquad m_{高}=\pm\sqrt{\frac{\Delta_H\Delta_H}{2n}}$$

表3.8 图上地物点的点位中误差和等高线的高程中误差

图上地物点的点位中误差/mm		等高线内插求点的高程中误差/mm			
一般地区	居民区、工业区	平坦地	丘陵地	山地	高山地
0.8	0.6	$d/3$	$d/2$	$2d/3$	d

注 d为等高距，m。

（2）巡视检查。携带图板与实际地形对照，主要检查地物、地貌有无遗漏，地物的注记是否正确等。

以上检查中发现的错误应及时纠正，错误过多则需补测或者重测。

3.2.7.2 地形图的整饰

整饰的一般顺序为：控制点→独立地物→次要地物→高程注记→等高线→植被→名称注记→外图廓注记等，要求达到“真实、准确、清晰、美观”的要求。具体工作如下：

（1）擦掉多余的、不必要的点线。

（2）重绘内图廓线、坐标格网线并注记坐标。

（3）所有地物、地貌应按图式规定的线划、符号、注记进行清绘。

（4）等高线应描绘光滑圆顺，各种文字注记位置应适当，一般要求字头朝北，字体端正。

（5）按规定图式整饰图廓及图廓外的各项注记。

3.2.7.3　地形图的拼接

直接在聚酯薄膜上拼接。

3.2.7.4　成果的验收

验收工作由上一级有关人员（如教师）进行，对验收的成果进行质量评价，质量的评价一般分为优、良、合格和不合格四级。

3.2.8　技术总结报告（实训报告）

整理实训成果，编写技术总结报告（实训报告）以及个人小结，最后上交。

附：技术总结报告（实训报告）编写格式

一、实训基本情况

（1）封面：实训名称、班级、姓名、学号、指导教师。

（2）目录：写清楚本实训报告的主要内容及对应页码。

（3）前言：实训的目的、任务、要求及实训的基本情况。

二、作业依据和设备

（1）作业技术依据及其执行情况，执行过程中技术性更改情况等。

（2）使用的仪器设备与工具的型号、规格与特性等。

（3）作业人员组成。

三、坐标、高程系统

采用的坐标系统、高程系统、地形图的等高距等。

四、图根控制测量

（一）平面控制测量

（1）平面控制网的等级、网形、密度、埋石情况、观测方法、技术参数，记录方法，控制点选点略图等。

（2）内业计算方法及各项限差，计算表格与成果表等。

（3）实训过程中出现的主要技术问题和处理方法，特殊情况的处理及其达到的效果，经验教训、遗留问题、改进意见和建议等。

（二）高程控制测量

（1）高程控制网的等级、网形、密度、埋石情况、观测方法、技术参数等，记录方法，控制点选点略图等。

（2）内业计算方法及各项限差，计算表与成果表等。

（3）实训过程中出现的主要技术问题和处理方法，特殊情况的处理及其达到的效果，经验教训、遗留问题、改进意见和建议等。

五、地形图测绘

（1）测图方法，外业采集数据的内容、密度、记录的特征，数据处理、图形处理情况等。

（2）测图精度的统计、分析和评价，检查验收情况，存在的主要问题及处理方法等。

六、实训体会

实训中遇到的问题及解决的方法，本次实训的意义和相关建议，实训收获等。

参 考 文 献

[1] 张茂林，张博．工程测量技术实训［M］．郑州：黄河水利出版社，2009.
[2] 靳祥升．工程测量技术实验指导与习题［M］．郑州：黄河水利出版社，2004.
[3] 张博．工程测量技术与实训［M］．西安：西安交通大学出版社，2015.
[4] CJJ T8—2011 城市测量规范［S］．北京：中国建筑工业出版社，2011.
[5] GB/T 20257.1—2007 1：500 1：1000 1：2000 地形图图式［S］．北京：中国标准出版社，2007.